# 新一代信息技术

## 导论及实践

彭霞 主编

赵健 孙振华 吴秀君 徐耀 副主编

清華大学出版社

北京

## 内容简介

本书主要介绍了现代通信、虚拟现实与数字媒体、大数据、云计算、物联网、人工智能、区块链、工业互联网、工业机器人等一系列新一代信息技术的理论知识和综合应用场景。本书还加入了数字抗疫案例的内容，将课程思政融入书中，起到了春风化雨的作用。书中相关案例使用到的软件开发平台可以在互联网上免费获取，便于实践性教学。读者还可以扫描书中的二维码观看微课视频以及习题参考答案，为教师教学、学生学习带来极大的便利。

本书既可以作为职业教育本科及专科院校计算机及相关专业的通识类课程的教材，也可供信息技术领域的专业人员和对新一代信息技术感兴趣的读者自学使用。



**图书在版编目(CIP)数据**

新一代信息技术导论及实践/彭霞主编.—北京：清华大学出版社，2022.6
ISBN 978-7-302-60725-0

Ⅰ.①新… Ⅱ.①彭… Ⅲ.①信息技术—高等职业教育—教材 Ⅳ.①TP3

中国版本图书馆 CIP 数据核字(2022)第 072929 号

**责任编辑**：聂军来
**封面设计**：刘　键
**责任校对**：李　梅
**责任印制**：朱雨萌

**出版发行**：清华大学出版社
**网　　址**：http://www.tup.com.cn，http://www.wqbook.com
**地　　址**：北京清华大学学研大厦 A 座　　**邮　　编**：100084
**社 总 机**：010-83470000　　**邮　　购**：010-62786544
**投稿与读者服务**：010-62776969，c-service@tup.tsinghua.edu.cn
**质量反馈**：010-62772015，zhiliang@tup.tsinghua.edu.cn
**课件下载**：http://www.tup.com.cn，010-83470410
**印 装 者**：三河市铭诚印务有限公司
**经　　销**：全国新华书店
**开　　本**：185mm×260mm　　**印　　张**：11　　**字　　数**：267 千字
**版　　次**：2022 年 7 月第 1 版　　**印　　次**：2022 年 7 月第 1 次印刷
**定　　价**：39.00 元

产品编号：095533-01

# 前 言

2021年4月，教育部颁布了《高等职业教育专科信息技术课程标准（2021版）》（以下简称《标准》），对高等职业教育专科信息技术课程的学科，在信息意识、计算思维、数字化创新与发展、信息社会责任四个方面提出了明确要求。在课程结构方面，《标准》规定信息技术课程由基础模块和拓展模块两部分构成。本书按照《标准》中拓展模块的要求编写，可作为面向高等职业院校各专业学生必修或限定选修的新一代信息技术公共基础课程的通用教材，也可作为对新一代信息技术感兴趣的读者的科普读物。

中共中央、国务院《关于加强和改进新形势下高校思想政治工作的意见》提出，坚持全员全过程全方位育人——高校“三全育人”原则，与贯彻专业课堂中实施课程思政的理念完全一致。因此本书在编写过程中挖掘思政案例、融入思政元素。在现代通信技术部分，引入我国全球领先的5G技术内容，引发学生的民族自豪感；在虚拟现实部分，引入新技术对我国悠久的历史文物进行保护的内容，提升读者的文化自信；在大数据、云计算等部分，积极引入我国在抗击新冠肺炎疫情中自主研发的健康码、行程码内容和通过“时空伴随者”定义密切接触者等关于数字抗疫方面创新举措的介绍，引发读者为我国抗疫所取得的成就而骄傲。本书自然融入思政案例，在教学中起到春风化雨的教育作用。

本书覆盖了《高等职业教育专科信息技术课程标准（2021版）》有关拓展模块中要求包含的内容，具体包括现代通信技术、虚拟现实与数字媒体、大数据技术、云计算技术、物联网技术、人工智能、信息安全与区块链技术、工业互联网和工业机器人的理论知识、技能训练和综合应用场景的介绍。全书基本包含了对当下生产生活中的“云大物智”“区块链”，以及“虚拟数字人”“元宇宙”、机器人等新一代信息技术场景的介绍。通过对本书的系统学习，可以帮助学生理解信息社会特征并遵循信息社会规范，使其整体信息素养和信息技术应用能力得到提升。

本书通过学习情境引导出学习目标，在学习目标中按照知识（Knowledge）、思政（Political）、创新（Innovation）和技能（Skill）的“KPI＋S模式”顺序编写。每个学习情境中的思维导图和学习自评，书中的二维码微课视频以及习题参考答案都能够帮助读者更系统、方便地学习使用本书。

本书由青岛酒店管理职业技术学院彭霞、青岛海尔卡奥斯工程师赵健、青岛酒店管理职业技术学院孙振华、乌鲁木齐职业技术大学吴秀君、江苏电子信息职业学院徐耀共同编写。具体编写分工如下：学习情境一由彭霞、孙振华编写；学习情境二和学习情境三由彭霞、徐耀、吴秀君编写；学习情境四～学习情境六由彭霞编写；学习情境七由孙振华、赵健编写；学习情境八和学习情境九由赵健编写。全书由彭霞策划设计、统稿和审核。

在本书的编写过程中，编者参考、引用了国内外出版物中的相关资料以及互联网中的图文资源，在此向各位作者表示最诚挚的谢意！

针对职业院校学生的特点，全书编写注重理论联系实际。书中的 4G/5G 网速测试、网站数据爬取、智慧家居场景设置以及人工智能中的语音识别等，既能帮助学生了解新技术的概念，又能进行实践应用，为大学生今后在工作岗位上应用新一代信息技术打下坚实的基础。自制证件照和“国家反诈中心”App 软件的介绍不仅实用，也可以让大学生体会到信息素养的提升给自己生活带来的安全和便利。书中利用互联网免费资源平台设计的一系列实际案例，无须购买软件平台，给教师教学、学生学习带来了极大的便利。本书由多名长期从事高职院校电子信息类、计算机类一线教学的资深教师与知名企业专业技术开发人员结合新课标、新要求和自身专业经验，按照理论加实践的教学模式共同开发编写。

本书可作为职业教育本科、专科院校计算机及相关专业通识类课程的教材，也可供信息技术领域的专业人员和对新一代信息技术感兴趣的读者自学使用。

由于编者水平有限，书中难免存在疏漏和不足之处，恳请广大读者批评指正。

编　者

2022 年 1 月

高等职业教育专科信息技术课程标准（2021 年版）

习题答案

# 目 录

# 学习情境一

# 现代通信技术　中国先行

## 情境导入

2020年正值新春佳节之际，新型冠状病毒肺炎疫情来袭。在抗击疫情的关键阶段，5G凭借其高速率、低时延、广连接的特点和网络优势，广泛应用于疫情防控的各种场景，发挥了优质无线宽带网络信息传播的重要作用。当"无接触""远程"交流的沟通方式成为疫情期间新常态，人民群众的日常生活、办公、学习从线下转向线上，5G随之成为其中强有力的技术支持。图1-1中展示了5G通信技术助力抗疫的几种应用场景。

图1-1　5G通信技术助力抗疫

## 情境解析

现代通信技术发展及特点介绍

5G即第五代移动通信技术(5th Generation Mobile Communication Technology)，其目标是高数据速率，减少延迟，节省能源，降低成本，提高系统容量和大规模设备连接。国际电信联盟(ITV)定义了5G的三大类应用场景：增强移动宽带(eMBB，Enhanced Mobile Broadband)、超高可靠低时延通信(uRLLC, Ultral Reliable Low Latency Communication)和海量机器类通信(mMTC, massive Machine Type of Communication)。其中,eMBB主要面向3D超高清视频等大流量移动宽带业务;mMTC主要面向大规模物联网业务;uRLLC主要面向无人驾驶、工业自动化等需要低时延、高可靠连接的业务。

5G网络与云计算技术紧密配合,促进了远程会议、协同办公、在线教育、网络学习等丰富的“在线云服务”快速发展,改变了传统的线下处理方式,突破在时间和空间上的限制,从而把5G赋能生活的多种新方式带入信息化发展的“快车道”。在5G与VR(Virtual Reality,虚拟现实)、人工智能、大数据等新一代信息技术的结合下,成就了“5G热力成像测温系统”“5G+VR疫情远程诊疗系统”“5G云端抗疫机器人”等一系列创新的信息化应用形态,不仅为防疫工作打造了坚实的信息化防线,也极大提高了医疗、教育、物流等领域的工作效率,从而按下了“5G+N”模式的全行业应用生态发展的“快进键”。

## 学习目标

学习情境一包括四个学习任务,其知识(Knowledge)目标、思政(Political)案例、创新(Innovation)目标和技能(Skill)如表1-1所示。

**表1-1 本章学习重点内容KPI+S**

| 序号 | 学习章节 | 学习重点内容KPI+S | | | |
|---|---|---|---|---|---|
| | | 知识目标 | 思政案例 | 创新目标 | 技能 |
| 1 | 移动通信的发展历史 | 各代移动通信技术特点及其发展 | — | — | — |
| 2 | 5G技术的六大基本特点 | 5G移动通信技术网络特点 | — | — | — |
| 3 | 5G社会场景的改造 | 5G技术的三大应用场景 | 5G魅力绽放,记录百年华诞 | 提升自主创新,突破关键核心技术 | — |
| 4 | 4G/5G通信技术指标测试 | 孕育中的6G | — | — | 通信指标测试 |

## 知识导图

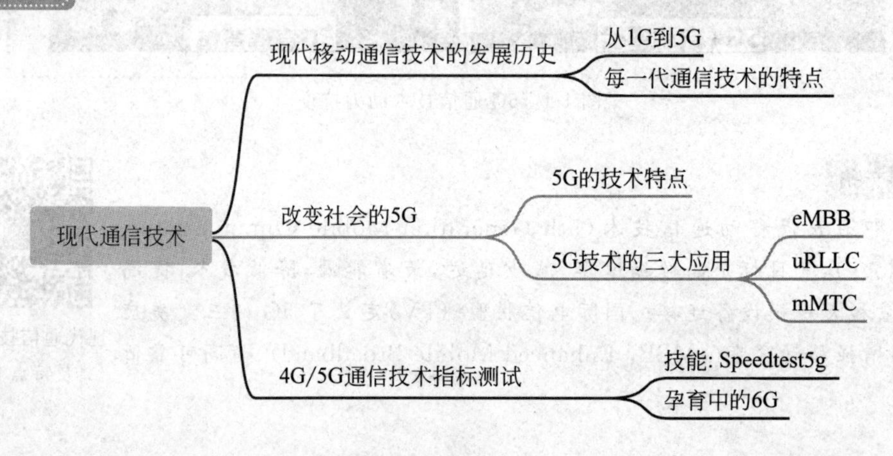

# 学习任务一　现代移动通信技术的发展历史

移动通信技术延续着每十年一代的发展规律，历经1G、2G、3G、4G的发展历程。现代移动通信技术的每一次代际跃迁，每一次通信技术进步，都极大地促进了产业升级和经济社会发展，如图1-2所示。从1G到2G，实现了模拟通信到数字通信的过渡，移动通信走进了千家万户。从2G到3G、4G，实现了语音业务到数据业务的转变，传输速率成百倍提升，促进了移动互联网应用的普及和繁荣。4G技术后出现了一系列改变人们生活方式的行业和产业（电商购物、外卖送餐、电子导航等），而5G技术更会引入一场前所未有深入社会的大变革。

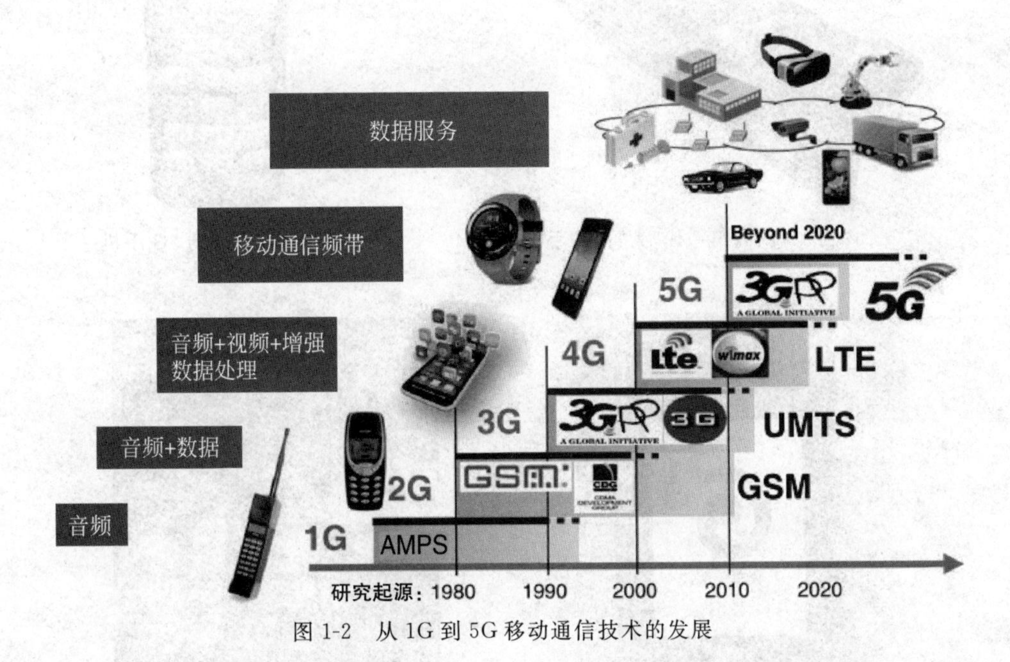


图1-2　从1G到5G移动通信技术的发展

1G，即第一代移动通信技术。20世纪七八十年代，世界各国的制造业繁荣发展，尤其是日本和美国。正当日本制造业即将超越美国时，美国推出“全美信息基础设施（NII）”计划，也就是众所周知的“信息高速公路计划”。这一计划致力于建设一种高速传播的光纤通信网络，并针对互联网和PC（Personal Computer，个人计算机）端的通信技术标准进行了科学制定，促使美国成为全球几乎所有网络操作系统、芯片组织、互联网架构等领域的技术主导者。与此同时，美国的科技企业蓬勃发展，在世界经济体中迅速占据了优势地位。经过这一系列因素的联合推动，1G技术在美国诞生，图1-3是典型的1G制式手机。

2G，即第二代移动通信技术，典型的2G制式移动通信终端如图1-4所示。为了遏制美国的霸权地位，欧洲国家成立了专门的移动通信技术研发协会（GSMA），并成功研发出2G技术，制定了欧洲主导的国际通信技术标准。相比于1G技术，2G技术更加成熟稳定，不仅扩大了系统容量，有效改善了通话质量，而且增加了上网、发短信等功能。著名手机品牌芬兰的诺基亚就是在这一时期崛起并迅速抢占市场，一跃成为手机界的霸主。

3G，即第三代移动通信技术，典型的 3G 制式移动通信终端如图 1-5 所示。随着移动技术的飞速发展，美国、欧洲、日本分别建立了各自的通信标准。中国加入了欧洲的 GSM 通信体系，首次参与了国际通信标准的制定，也据此建立了中国联通和中国移动两大网络基础设施，3G 通信体系在国内建立起来。3G 网络基于新的频谱标准建设，并且传输速度和稳定程度得到显著提升，推动了电话、网络视频以及数据信息的广泛使用。另外，平板电脑的出现，如苹果、联想等公司推出一系列平板产品，进一步推动了 3G 通信技术的发展。

图 1-3 国内第一代“大哥大”手机

图 1-4 典型的 2G 手机

图 1-5 3G 手机

图 1-6 4G 手机

4G，即第四代移动通信技术，标志着移动互联网时代的到来，典型的 4G 制式移动通信终端如图 1-6 所示。就其通信标准而言，4G 主要有中国的 TD-LTE 和欧洲的 FDD-LTE 两种。4G 将 3G 技术和 WLAN 融合在一起，实现了图片、视频影像的高清晰度、高速的可靠传输，信息下载速度达到 100MB/s，这大大提升了网络技术的应用水平。4G 可以稳定支持高清电影、视频会议、大数据传输等网络应用。4G 技术造就了繁荣的互联网经济，解决了人与人随时随地通信的问题。随着移动互联网的快速发展，新服务、新业务不断涌现，移动数据业务流量爆炸式增长，4G 移动通信系统难以满足未来移动数据流量暴涨的需求，急需研发下一代移动通信系统。

5G,即第五代移动通信技术。相比于4G技术,5G技术具有时延低、速度快、网络稳定可靠、能耗低等优势,集合了多种新型的无线接入技术,形成了系统集成的移动通信高效解决方案。中国华为作为5G技术的国际通信标准制定者,在2019年正式开启了5G技术的商业应用。与此同时,5G技术的飞速发展推动了其在人工智能、数据挖掘、语义识别、专家系统等领域的广泛应用。

当前,5G移动通信网络已开始融入社会生活的方方面面,日益改变着人们的沟通、交流乃至整个生活方式。5G作为一种新型移动通信网络,不仅能解决人与人的通信,为用户提供虚拟现实、增强现实、超高清(3D)视频等更加身临其境的极致业务体验,更能解决人与物、物与物的通信问题,满足移动医疗、车联网、智能家居、工业控制、环境监测等物联网应用需求。最终,5G将应用到经济社会的各种行业和领域中,成为支撑经济社会数字化和智能化转型的新型关键基础设施。我国5G发展在全球范围已取得领先优势,特别是在5G基站(图1-7)建设方面,截至2021年上半年,累计建成5G基站超81.9万个,占全球比例约70%;5G手机终端用户连接数达2.8亿,全球占比超80%。

图1-7　户外越来越多的5G基站

# 学习任务二　5G技术的六大基本特点

## 一、5G技术开启全新生活

2019年被誉为5G元年,大量的5G基站开工,更多样的5G终端逐步亮相,今后更丰富的应用会一一出现。5G改造社会的进程已开启,5G已经成为各个行业发展的主要推动力量,通过领先的5G技术,可以更好地实现远程无人作业,可以覆盖到车联网,还能增强科技创新突破。

提高上网速度只是5G最基础的功能。如果说1G是语音,2G是短信,3G是照片,4G是图片,那么5G将是视频。因为5G智能终端上网速度的提升,超高清视频会流行,4K甚至8K视频将能够流畅、实时播放。因为5G传输更快,"云"技术也会"飞入寻常百姓家",我们的生活、工作、娱乐将都飞入"云"端,随时随地将资料传到云端,随时随地调用、编辑,"云"计算机的概念也逐渐被人们所接受。

5G 技术除了网速得到百倍的提升外,网络的时延也将降低到百万分之一秒。此外,5G 在每 1 平方公里可以支撑 100 万个移动终端,覆盖面更广,从而实现了万物互联。4G 仅仅是在 3G 的基础上提升了网速,移动互联网就让人们的生活变得非常便捷,所以拥有更多优秀品质的 5G 所能达到的未来更值得所有人憧憬和期待。

## 二、5G 的六大基本特点

1. 高速率

由于 5G 基站大幅提高了带宽,因此使得 5G 能够实现更快的传输速率。同时,5G 使用的频率远高于以往的通信技术,能够在相同时间内传送更多的信息,具体表现在比 4G 快 10 倍的下载速率,峰值可达 1Gbps(4G 为 100Mbps)。

2. 低延时

相对于 4G,5G 技术可以将通信延时降低到 1ms 左右,因此许多需要低延迟的行业将会从 5G 技术中获益,如自动驾驶等相关行业,无须使用延时高达 50ms 的 4G 网络,采用5G 网络后能提高自动驾驶和远程手术等应用的反应速度。

3. 泛在网

5G 能够达到泛在网概念,实现无死角覆盖网络,在任何时间、任何地点都能畅通无阻的通信方式,有效改善 4G 网络中的盲点问题,实现全面覆盖。

4. 低功耗

5G 网络采用高通 eMTC 和华为的 NB-IoT 技术,实现了低功耗的需求,能够降低物联网设备的功耗,使得物联网设备能够长时间不换电池,有利于物联网设备的大规模部署。

5. 万物互联

与 4G 相比,5G 系统大幅提高了支持百亿甚至千亿数据级的海量传感器接入,能够很好地满足数据传输及业务连接需求。将人、流程、数据和事物结合一起,使连接更紧密。

6. 重构信息安全

5G 有更高的安全性,在未来的无人驾驶、智能健康等领域,能够有效抵挡黑客攻击,保障信息技术的安全。

5G 是一个复杂的体系,在 5G 通信技术建立的网络中的终端不只是计算机和手机,而是有汽车、无人机、家电、公共服务设施等多种设备。4G 改变生活,5G 改变社会。5G 将会是当下社会进步、产业推动、经济发展的重要推动器。

# 学习任务三　5G 社会场景的改造

5G 技术的三大应用场景:首先是 eMBB,可用于 3D 超高清大流量移动宽带业务,例如 3D 视频、AR 增强现实、VR 虚拟现实等场景;其次是 mMTC,可用于智慧城市、智慧家庭里面的多种通信应用;最后是 uRLLC,可用于无人驾驶、远程手术、工业自动化等需要低时延、高可靠连接的业务。从以上 5G 三大应用场景可以看出,其已经覆盖大众生活的方方面面。5G 提供切片即服务的新商业模式,实现像卖"云服务"一样出售切片网络,从而提升了网络服务能力和销售能力。

## 一、5G视频直播，记录百年华诞

2021年是中国共产党成立100周年（图1-8），在北京天安门广场隆重举行百年七一盛典的庆祝大会上，最先进的5G+4K超高清直播技术让全国亿万观众通过网络、电视等多种方式观看了高清直播。位于梅地亚的媒体中心搭建了5G等“三千兆”网络，实时高效传送文字、图片以及高清视频新闻素材。全球首创的5G即时电影拍摄技术在建党100周年文艺演出《伟大征程》活动现场亮相，呈现出大气磅礴的震撼效果。

图1-8　5G助力中国共产党百年华诞

我国主流媒体和各地已经广泛采用5G技术制作节目。5G技术的大带宽特性、“云网融合”组网模式、国产5G终端芯片高品质性能有效降低了异地视频上传和合唱视频下发之间的时间差，使得各地演员感觉不到明显的声音和视频延迟，形成“异地同台”效果，实现了跨越时空的5G云合唱，如图1-9所示。

图1-9　5G技术支持下的云合唱

## 二、无人驾驶——让你和驾驶证说拜拜

无人驾驶汽车，又称自动驾驶汽车或轮式移动机器人，是无须人为操作即能从出发点A行驶到终点B，无论道路环境如何复杂，天气情况多么恶劣，都能由机器自动操作完成。如果说汽车制造是工业制造业的皇冠，那么无人驾驶技术就是皇冠上的明珠，超低时延，高速信息传输的5G是无人驾驶技术落地实施的核心技术。4G和5G的几个典型参数对比如表1-2所示。5G技术是无人驾驶的汽车在行人探测及躲避、变道预警及变道错误纠正、交

通标志识别和自动紧急刹车盲区探测这几方面做出可靠驾驶决策的保障。因为5G技术下更高的信息传输速率和超低时延能保障汽车遇到障碍物时可以快速制动。5G提升百倍的设备连接数，也使得像无人驾驶汽车这样有超多传感设备的物联网应用装备实现更可靠的连接。在行驶过程中，无人驾驶汽车可以通过传感设备正确获知路况信息，在大量数据基础上进行实时定位分析，从而判断行驶方向和速度。所以，没有成熟的5G移动通信技术就没有无人驾驶的正式商用。

表 1-2　4G 和 5G 基本技术参数对比

| 技术 | 速　率 | 时　延 | 设备连接数 |
| --- | --- | --- | --- |
| 4G | 100Mbps | 20～50ms | 10000 |
| 5G | 10Gbps | 1ms | 100000 |
| 比较 | 提升 100 倍 | 下降 20～50 倍 | 提升 100 倍 |

2014年7月，百度启动“百度无人驾驶汽车”研发计划。2016年百度无人驾驶车获得全球第15张无人车上路测试牌照。2018年2月15日，百度Apollo无人车亮相央视春晚，在无人驾驶模式下完成港珠澳大桥上的八字交叉跑的高难度驾驶动作。2021年6月21日，外交部携手交通运输部共同组织“交通中国”系列活动，120余位驻华使馆外交官和国际组织驻华代表在北京首钢园，实际体验了百度共享无人车出行服务。目前，百度已推出无人车出行服务平台——萝卜快跑。萝卜快跑结合过去两年的运营实践，能向大众提供商业运营和多元化增值服务，加速全民“无人化”出行时代的到来。通过萝卜快跑，用户能够打到具备汽车机器人雏形的百度Apollo无人车，如图1-10所示。

图 1-10　百度无人驾驶汽车

## 三、智慧城市——万物互联未来已来

智慧城市(Smart City)是指利用物联网、云计算、大数据以及先进的移动通信技术等各种新一代信息技术，集成、打通城市的系统和各项居民服务，以提升城市资源利用效率，优化城市管理和服务，最终提升市民生活品质。智慧城市实现信息化、工业化与城镇化的深度融合，实现了精细化和动态化的城市科学管理。

智慧城市理念最早源于2008年IBM公司提出的智慧地球的概念，智慧城市的建设被认为是信息时代城市发展的方向，智慧城市实质是高速率通信下的数字城市与物联网相结合的产物，现代信息技术推动着城市运行更高效和智能，使城市发展更和谐、更具活力，让居民提升获得感、幸福感和安全感。

5G网络的超低时延，使城市综合治理、环保监控及执法管控更加精准迅速；超大带宽让视频、无人机数据传输的质量更高、速度更快；高可靠性则更好地保障了城市居民的隐私信息，数据安全性更可靠；5G更多网络终端设备的连接能力让城市中万物互联成为现实。

在特大城市治理中，经常遇到人手有限，但治理任务繁重的情况，通过5G网络与相应的移动终端组合助力，实现城市无人机安防、应急通信等大带宽、低时延业务，实现城市综合治理的快速定位、视频同步传输、实时调度等；通过人工智能进行人脸识别、车辆识别，并经后端黑白名单库对比，实现人员、车辆的可管可控；通过视频监控及空气质量监测微型站实时监控与数据传输，实现对重要点源、面源和移动源等实时监测，有效对污染源、污染轨迹等进行定位、溯源分析，提升城市综合治理信息化水平。在智慧城市建设中，5G技术的助力，极大地提升了城市科学治理效率，解决了城市管理人员、警力不足的情况，特别是在新冠疫情防控常态化的情况下，无人化、非接触式的智慧城市的高效治理方式显得尤为亮眼，如图1-11所示。

图1-11 5G赋能下的智慧城市

当高速网络与低时延相结合，再加上高度的网络稳定性，自动驾驶、远程手术等就迎来了发展黄金期，同时，VR、AR也将使人们更具有身临其境的感觉。

因为5G的发展，整个社会将进入万物互联的状态，"城市大脑"得到全面普及。在这些城市中，每一条道路、每一根电线杆、每一个井盖，每一块草地，都会接入网络来管理。在5G发展初期，火车站、飞机场、体育场馆等公共场馆率先应用5G技术。城市中的学校、医院、工厂、剧院等大型公共空间都可以在网上进行远程访问。任何一空间内的设备，大到锅炉，小到桌椅、板凳、垃圾桶，都拥有了"智慧"，能自动做出智能决策。5G技术的主要应用终端，也会从智能手机变为智能汽车、智能车位、智慧路灯、智慧机床，还有智能空气净化器、智能门锁等与日常生活相关的各类产品。

5G更深刻的改变体现在各种切片化应用的诞生，虽然现在还不知道未来会有怎样的新应用率先进入人们的生活，但可以肯定地说，一定会比4G时代的微信、电商、外卖、抖音、网络游戏等更具有吸引力，也更有价值。时代在前进，通信方式在进化，5G通信具有强大的动力，会让整个社会焕发前所未有的活力。5G改变社会，不仅体现在人们生活得更便捷、更美好，甚至还可能改变当下和未来的国家实力对比。借5G信息化春风，中国会拥有更好的全球发展机遇。

## 四、中国5G技术的领先与科技创新

关键核心技术是国之重器，对推动我国经济高质量发展、保障国家安全具有十分重要的意义。在中国科学院第二十次院士大会、中国工程院第十五次院士大会和中国科协第十次全国代表大会上，习近平总书记强调要加强原创性、引领性科技攻关，坚决打赢关键核心技术攻坚战。

当今世界正经历百年未有之大变局，科技创新是其中一个关键变量。于危机中育先机、于变局中开新局，必须向科技创新要答案是明智之举。当前，提升自主创新能力，尽快突破关键核心技术，已经成为构建新发展格局的一个关键问题。同时，在激烈的国际竞争面前，在单边主义、保护主义上升的大背景下，必须走出适合国情的创新路子，特别是要把原始创新能力提升摆在更加突出的位置，努力实现更多“从0到1”的突破。实践反复告诉中国人民，关键核心技术要不来、买不来、讨不来。只有把关键核心技术掌握在自己手中，才能从根本上保障国家经济安全、国防安全和其他安全，为我国发展提供有力的科技支撑。

中国的5G技术在全球处于领先地位，5G手机终端中国用户连接数达2.8亿，占全球比例超过80%，5G标准必要专利声明数量更是位列全球首位，2020年深圳成为全球首个实现5G独立组网的城市。我国将持续加强对5G、大数据、基础软件、工业软件、人工智能等基础核心技术的支持和投入力度，推进产业基础高级化和产业链现代化，进一步夯实产业发展基础。

近年来，世界各国的著名通信公司，投入大量的财力、人力资源，对5G通信技术进行研究，获得大量的专利技术，各公司专利数的对比，如图1-12所示。

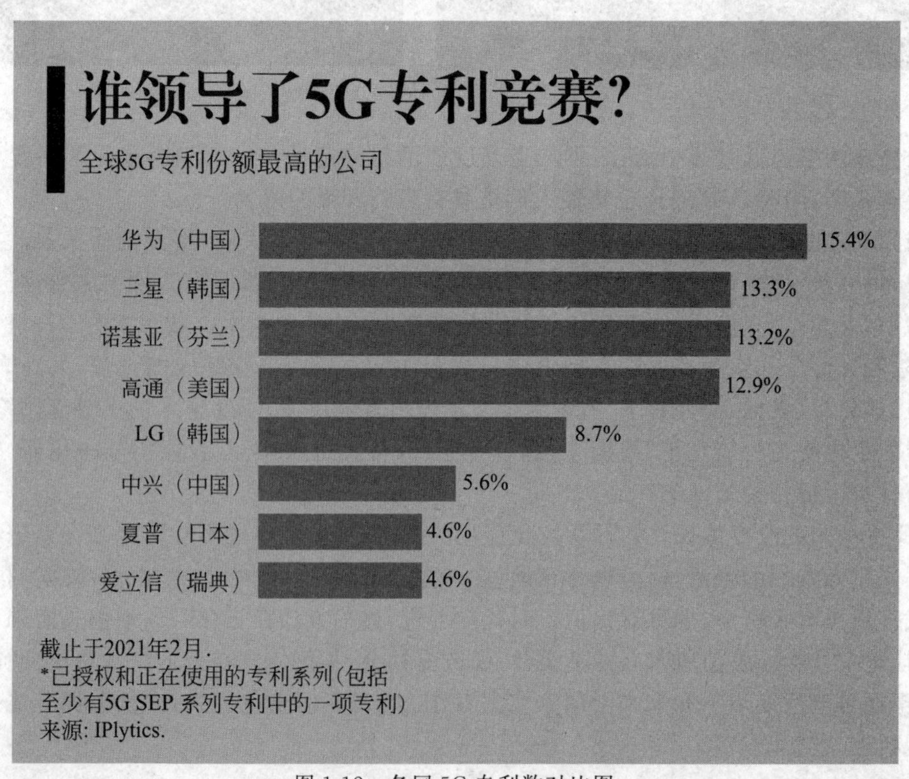


图1-12 各国5G专利数对比图

# 学习任务四　4G/5G 通信技术指标测试

## 一、启用手机 5G 信号

(1) 在支持 5G 的手机中,打开设置—移动网络,如图 1-13 所示。

图 1-13　打开手机 5G 流量步骤 1

(2) 在打开的移动网络界面找到移动数据,然后启用 5G 开关,如图 1-14 所示。





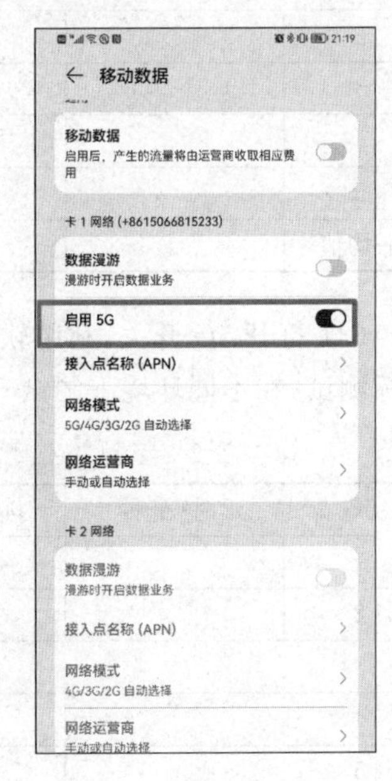


图 1-14　打开手机 5G 流量步骤 2

## 二、软件测试体验4G/5G不同的通信指标

4G/5G通信技术指标测试

（1）下载并安装手机流量测试软件Speedtest5g，如图1-15所示，进行网速测试。

（2）关闭5G开关，利用软件进行4G网络的上传和下载测试，还包括抖动、延时等通信指标的测试，在不同环境下测试5次，相应数据填入表1-3，并取平均值。

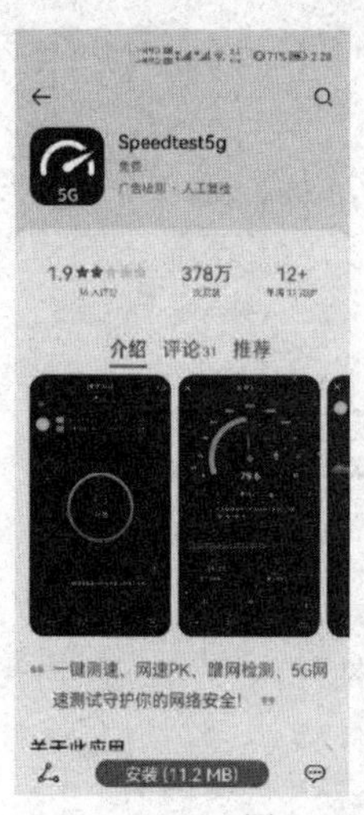

图1-15 下载Speedtest5g手机软件用于网速测试

**表1-3 4G网络测试记录表**

| 4G | 延时(毫秒) | 抖动(毫秒) | 丢包率(%) | 下载速度(Mbps) | 上传速度(Mbps) |
|---|---|---|---|---|---|
| 1 | | | | | |
| 2 | | | | | |
| 3 | | | | | |
| 4 | | | | | |
| 5 | | | | | |
| 平均值 | | | | | |

（3）打开5G开关，利用软件进行5G网络的上传和下载测试，还包括抖动、延时等通信指标测试，在不同环境下测试5次，相应数据填入表1-4，并取平均值。

**表1-4 5G网络测试记录表**

| 5G | 延时(毫秒) | 抖动(毫秒) | 丢包率(%) | 下载速度(Mbps) | 上传速度(Mbps) |
|---|---|---|---|---|---|
| 1 | | | | | |
| 2 | | | | | |
| 3 | | | | | |
| 4 | | | | | |
| 5 | | | | | |
| 平均值 | | | | | |

(4) 比较两次数据差别。从延时、抖动、丢包率、下载速度、上传速度比较4G/5G两种移动网络的区别。

通过对比表1-3和表1-4的测试数据,可以加深对5G的认识。人类对更快、更高、更强、更团结的追求不仅体现在奥林匹克运动会上,在通信技术上同样如此。像前四代移动通信技术一样,5G也只是一个阶段性的通信技术。未来还会有更先进的,能将移动通信和卫星通信相结合,将无线通信信号真正覆盖全球每个角落的6G技术,在网速上从5G的"毫米波"进入6G的"太赫兹"阶段,进而在速度上较5G又有上百倍提升,延迟也从毫秒降低到微秒级别。6G技术尚在研发阶段。

## 学习自评

### 一、填空题

1. 国际电信联盟(ITV)定义了5G的三大应用场景是:________、________和________。

2. 5G将渗透到经济社会的各行业、各领域,成为支撑经济社会________、________和________转型的关键新型基础设施。

3. 5G与4G在基本网络参数对比后可以知道,5G在网速和设备连接数方面提升有________倍以上。

4. 人类不仅在体育竞技上追求"更快、更高、更强、更团结",在通信技术上的追求也是如此。5G使用的电磁波在________级别,而6G使用的电磁波在________级别。因此,6G的通信速率更快,基本达到零延时,通信指标比5G更强。

### 二、判断题

1. 5G网络与4G网络无法兼容。　(　　)

2. 中国5G标准必要专利声明数量位列全球首位。　(　　)

3. 5G技术的成熟使得无人驾驶和远程手术成为现实。　(　　)

4. 通信技术中的5G技术是最先进的终极通信技术。　(　　)

### 三、简答题

通过Speedtest5g进行网速测试,发现5G技术在哪些方面与4G技术有显著区别?

# 学习情境二

# 美丽新“视”界 虚拟现实与数字媒体

## 情境导入

中华民族是一个历史悠久的古老民族，在漫长的岁月中，沉淀出许多宝贵的文化财富。这些文化财富既是中华文化之魂，也是民族精神之根。在遥远偏僻的西北大漠，一个叫敦煌的地方，在风沙的深处沉睡着一个千年的艺术宝库——莫高窟。敦煌莫高窟是中国古代文明的璀璨艺术宝库，是古代丝绸之路上曾经发生过的不同文明之间对话和交流的重要见证。从公元366年乐尊僧人开凿的第一个洞窟开始，到1600多年后的今天，莫高窟淡退了壁画上鲜艳的颜料，斑驳了佛像，散落了一地的经书，她在被野蛮唤醒的那一刻，即迈向了别离。如何利用现代科学技术更长久地留住这颗人类文明的璀璨“明珠”，让一代代中华儿女能更好地欣赏和研究这些珍贵的文物，是一件非常有意义的事情。

“数字敦煌”，如图2-1和图2-2所示，通过先进的虚拟现实（VR，Virtual Reality）技术与文物保护理念相结合，对敦煌石窟和相关文物进行全面的数字化采集、加工和存储。将已经获得和将要获得的图像、视频、三维等多种数据和文献数据汇集起来，构建一个多元化与智能化相结合的石窟文物数字化资源库，通过互联网和移动互联网面向全球共享，并建立数字资产管理系统和数字资源库的保障体系。

图2-1　数字敦煌网站

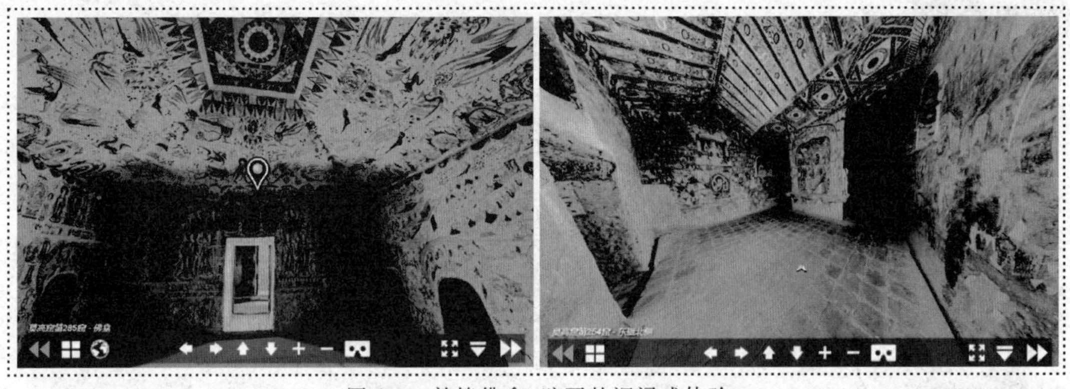

图 2-2　敦煌佛龛、壁画的沉浸式体验

## 情境解析

上述情境是虚拟现实技术在文物保护和全息旅游场景中的应用示范。在疫情常态化时期，越来越多的博物馆、旅游景点和会议展览等采用这种线上的无接触式的“云”互动展示方式可以让人们看到原本需要线下实地才能看到的场景。这种打破实体展览时空上的局限性，扩大展览延伸空间的新体验方式，最大限度地拓展了各种展览的功能，更好地满足社会大众的多层次、多方位的文化娱乐互动需求。这种形式不只是特殊时期的不得已之举，更是技术赋能，顺应时代发展出现的美丽新“视”界。

虚拟现实的美丽世界

以虚拟现实技术为切入点的“元宇宙”概念在 2021 年年底成为焦点，吸引了无数投资者、科技爱好者的目光。虚拟现实技术应用落地更多“元宇宙”相关产业场景的序幕已经拉开。虚拟现实技术在未来不仅作为一种娱乐方式被人们所熟知，更多地会应用于艺术、教育、医疗等更多更广的领域。

## 学习目标

学习情境二包括三个学习任务，其知识（Knowledge）目标，思政（Political）案例以及创新（Innovation）目标和技能（Skill）如表 2-1 所示。

**表 2-1　本章学习重点内容 KPI+S**

| 序号 | 学习章节 | 学习重点内容 KPI+S | | | |
|---|---|---|---|---|---|
| | | 知识目标 | 思政案例 | 创新目标 | 技能 |
| 1 | 虚拟现实技术的概念及发展历史 | 虚拟现实的概念<br>虚拟现实的特征<br>虚拟现实的分类 | “人民科学家”钱学森对 VR 概念高度关注 | 新技术赋能文物保护的新举措 | — |
| 2 | 虚拟现实应用场景及发展趋势 | 虚拟现实、增强现实、混合现实技术之间的关联 | 中国馆藏文物保护成果展引入增强现实技术 | 混合现实技术用于疫情中的中国创新方案 | — |
| 3 | 数字媒体与数字媒体技术 | 数字媒体几个相关概念 | — | 虚拟数字人的创新应用场景 | 图片的简单编辑技术 |

知识导图

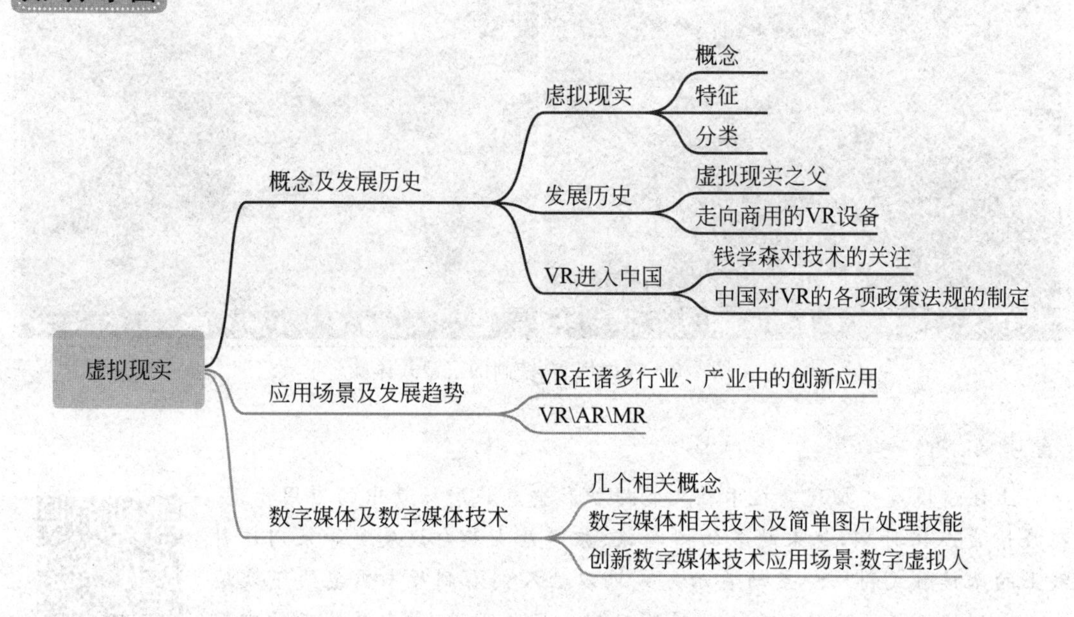


# 学习任务一　虚拟现实的概念及发展历史

什么叫真实？眼见就是真实吗？如何给“真实”下一个定义？电影《黑客帝国》中有这样一段话：如果你说的“真实”就是你能感觉到的，你能闻到的气味，你能尝到的味道和你能看到的影像，那么这个“真实”只是电子信号在你大脑中所起的反应。也正如Oculus的首席科学家迈克尔·阿布拉什(Michael Abrash)所比喻的：人类就像是一颗外接着多重感应器的CPU。

目前虚拟现实技术基于上述原理，体验者依靠全封闭的头戴型显示器观看计算机模拟产生的虚构世界的影像，并配有耳机、运动传感器或其他设备等，为其提供视觉、听觉、触觉等方面的感官体验，虚拟现实系统的整套设备可以根据体验者的反应做出反馈，使体验者达到身临其境的沉浸感和真实感。

## 一、虚拟现实技术的起源与发展

1. 从“皮格马利翁的眼镜”到“达摩克利斯之剑”

最早描写VR的科幻小说是1949年美国科幻小说家斯坦利·温鲍姆的《皮格马利翁的眼镜》(*Pygmalion's Spectacles*)，书中首次提出了虚拟现实的概念。小说详细地描述了佩戴者可以通过眼睛来体验一个虚构的世界。

1968年美国工程师伊凡·苏泽兰设计出第一款真正的头戴式显示器，“Sword of Damocles”如图2-3所示，中文名字是“达摩克利斯之剑”。这是一款需要大型的机械臂吊住的非常笨重的设计，虽然这把“达摩克利斯之剑”一直放在实验室中，但伊凡·苏泽兰因提供的这套虚拟现实和增强现实头戴式显示理论而被世人誉为“虚拟现实之父”。

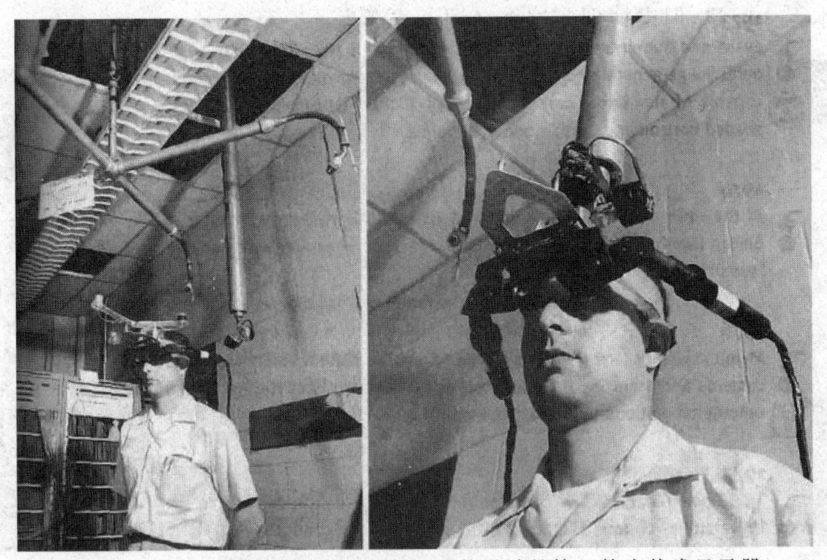

图 2-3　虚拟现实之父伊凡·苏泽兰和他设计的第一款头戴式显示器

2. 逐步走向商业化的 VR 设备

1982 年第一代基于手套的计算机输入设备 Sayre 手套如图 2-4 所示。手套连接到计算机系统使用光学传感器检测手指的运动。

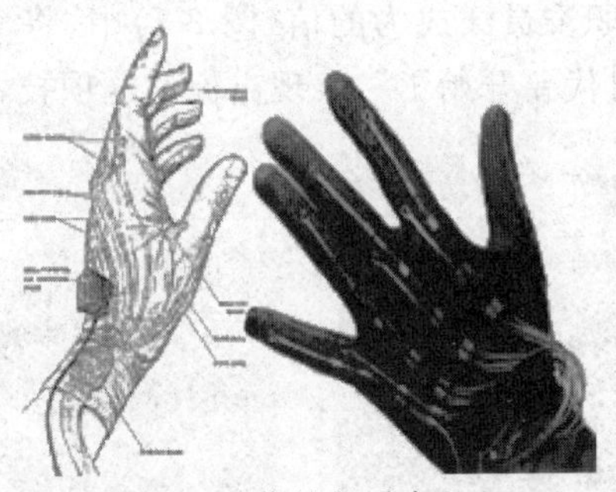

图 2-4　动作捕捉手套 Sayre

1987 年游戏巨头任天堂推出了消费型的商业性 VR 眼镜如图 2-5 所示，这是虚拟领域第一次进入民用、商用领域。

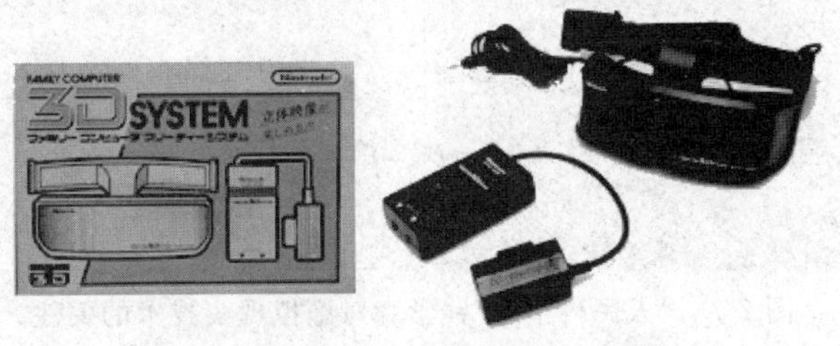


图 2-5　日本任天堂制造的虚拟眼镜

1989 年 VPL Research 公司研发了第一套商业 VR 设备如图 2-6 所示，虽然年代久远，但这套设备配有可跟踪的体感技术，跟现在主流 VR 有极高的相似度，因其造价过于昂贵导致产品基本无人问津，但虚拟现实这个名词正式诞生了。

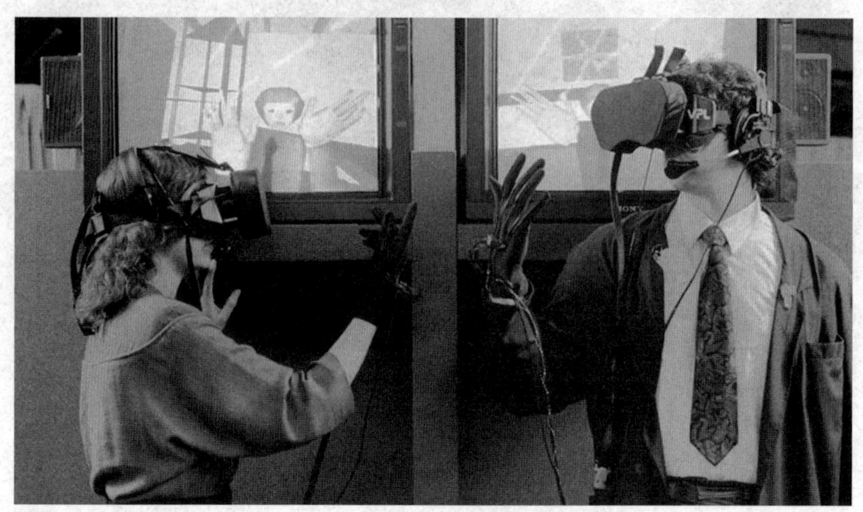


图 2-6　VPL Research 公司研发的第一套商用 VR 设备

3. VR 概念走进中国

20 世纪 90 年代，VR 概念几乎同步进入中国。我国航天事业奠基人，中国科学院、中国工程院资深院士钱学森曾经给 VR 起了一个诗情画意的名字“灵境”，并在致信时任国防科学技术工业委员会科技委专职委员汪成为的信(图 2-7)中，将 VR 技术定义为“使人进入前所未有的新天地，新的历史时代要开始了”，表现出他对这项技术的关注和重视。

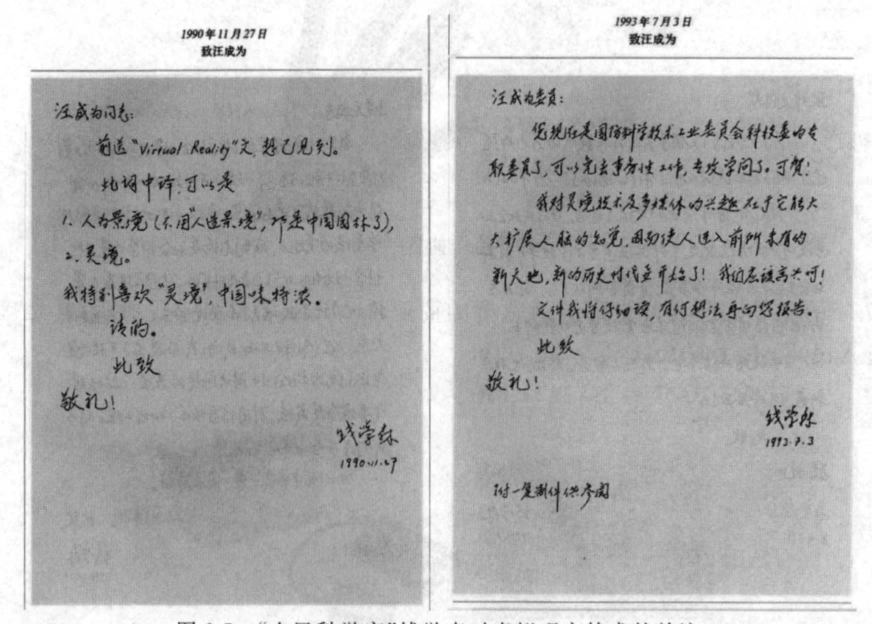

1990年11月27日
致汪成为

汪成为同志：

前送“Virtual Reality”文，想已见到。

此词中译，可以是

1、人为景境（不用“人造景境”，那是中国园林了），

2、灵境。

我特别喜欢“灵境”，中国味特浓。

请酌。

此致

敬礼！

钱学森
1990.11.27

1993年7月3日
致汪成为

汪成为委员：

您现在是国防科学技术工业委员会科技委的专职委员了，可以免去事务性工作，专攻学问了。可贺！

我对灵境技术及多媒体的兴趣在于它能大大扩展人脑的知觉，因而使人进入前所未有的新天地，新的历史时代要开始了！我们应该高兴呵！

文件我将仔细读，有何想法再向您报告。

此致

敬礼！

钱学森
1993.7.3

附一复制件供参阅

图 2-7　“人民科学家”钱学森对虚拟现实技术的关注

为进一步提高终端产品智能化水平，工信部、国家发改委印发《智能硬件产业创新发展专项行动(2016—2018 年)》加快智能硬件应用普及，助推智能硬件产业的发展。两部委指出发展面向虚拟现实产品的新型人机交互、新型显示器件、GPU、超高速数字接口和多轴低

功耗传感器，面向增强现实的动态环境建模、实时3D图像生成、立体显示及传感技术创新，打造虚拟/增强现实应用系统平台与开发工具研发环境。

文化和旅游部印发《关于推动文化娱乐行业转型升级工作的意见》，对歌舞娱乐和游戏游艺等传统文化娱乐行业转型升级工作做出部署。明确要扩大文化消费，推动文化娱乐行业转型升级。文件中指出鼓励游戏游艺设备生产企业积极引入体感、多维特效、虚拟现实、增强现实等先进技术，加快研发适应不同年龄层，益智化、健身化、技能化和具有联网竞技功能的游戏游艺设备。

2021年3月中旬，全国两会落下帷幕，在新发布的“十四五”规划和2035年远景目标纲要里，很多新指标、新表述、新举措都传递着未来中国经济社会发展的信号。纲要内容中明确了未来5年值得关注的行业，区块链、人工智能、虚拟现实和增强现实、数字社会建设作为数字经济重点产业包含在内。虚拟现实和增强现实已被列入重点发展方向。

我国已基本形成完整的虚拟现实产业链和产业生态，虚拟现实产业市场规模不断扩大，在近眼显示、网络传输、感知交互、内容制作等产业关键领域不断进步并取得不同程度阶段性进展。在近眼显示环节，快速响应液晶屏、硅基OLED等领域具备量产和技术优势。在网络传输领域，我国5G、新型WiFi、拥塞控制、自动运维等方面处于领先地位。在内容制作环节，各类制作工具、系统软件、开发平台不断升级，为内容制作提供工具、算法及生态底层支持。根据赛迪顾问数据，2020年，中国虚拟现实市场规模同比增长46.2%，预计未来三年中国虚拟现实市场仍将保持30%～40%的高增长率。2014—2025年中国虚拟现实行业规模现状及预测，如图2-8所示。

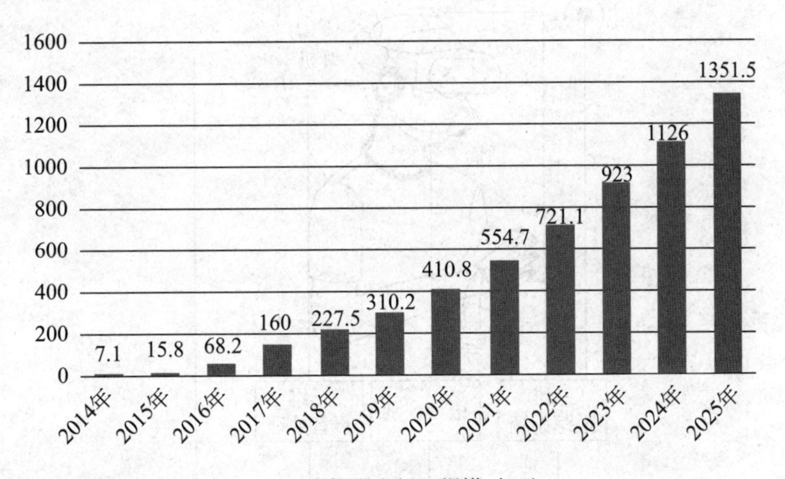


图2-8　2014—2025年中国虚拟现实行业规模现状及预测

## 二、虚拟现实技术的概念、特征和类型

虚拟现实也被称为人工现实，是利用计算机模拟产生三维虚拟空间的虚拟技术，用户借助必要的设备与虚拟世界中的物体进行交互，相互影响，VR给用户提供关于视觉、听觉、触觉等感官的模拟，让用户产生身临其境的主观体验。

虚拟现实是以沉浸性（Immersion）、交互性（Interactivity）和想象性（Imagination）的3I为基本特征的计算机高级人机交互界面，其3I特征如图2-9所示。虚拟现实技术的主要优势也是3I特征的体现：沉浸性，是指利用计算机产生的三维立体图像，让人置身于一种虚拟环境中，就像在真实的客观世界中一样，能给人一种身临其境的感觉；交互性，在计算机生成的这种虚拟环境中，人们可以利用一些传感设备进行交互，感觉就像是在真实客观世界中一样，比如当用户用手去抓取虚拟环境中的物体时，手就有握东西的感觉，而且可感觉到物体的重量；想象性，虚拟环境可使用户沉浸其中并且获取新的知识，提高感性和理性认识，从而使用户深化概念和萌发新的联想，因此可以说，虚拟现实可以启发人的创造性思维。

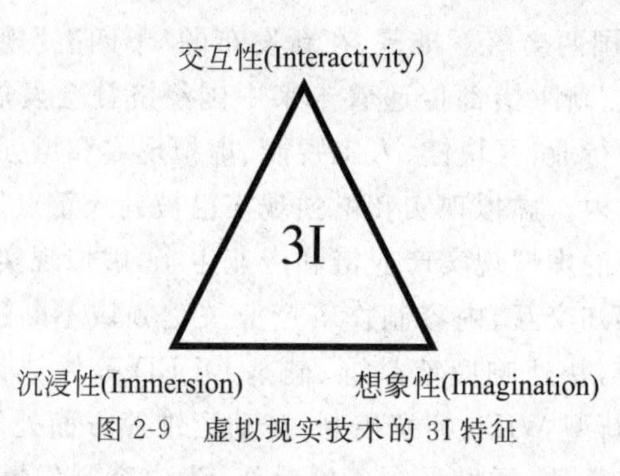


图 2-9 虚拟现实技术的3I特征

一个典型的VR系统主要由计算机软、硬件系统和VR输入/输出设备等组成，如图2-10所示。其中，计算机是VR系统的心脏，负责构建虚拟世界和实现人机交互过程。

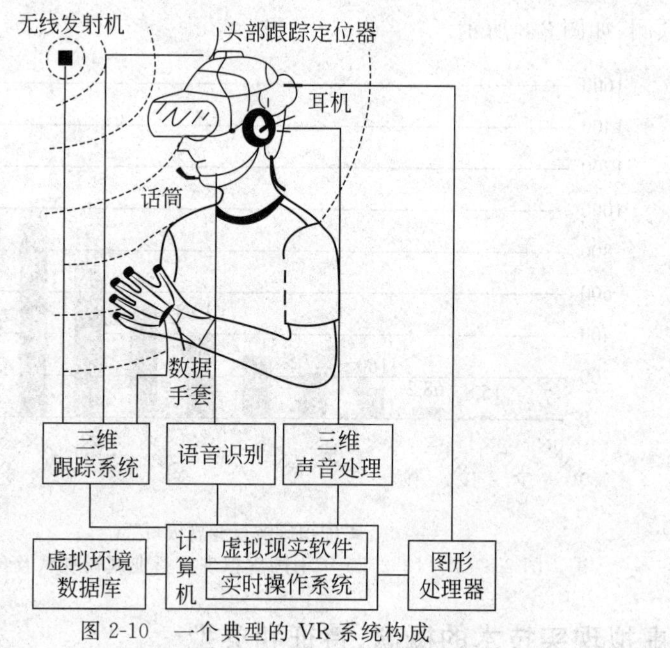


图 2-10 一个典型的VR系统构成

虚拟现实强调的是虚拟世界给人的沉浸感，强调人能以自然方式与虚拟世界中的对象进行交互操作。沉浸感是虚拟现实技术区别于其他技术体验的关键特征。根据沉浸程度的高低和交互程度的不同，虚拟现实系统可以分成四种类型：桌面式虚拟现实系统(Desktop VR)、沉浸式虚拟现实系统(Immersive VR)、增强式虚拟现实系统(Augmented VR)、分布式虚拟现实系统(Distributed VR)。

1. 桌面式虚拟现实系统(Desktop VR)

桌面式虚拟现实系统,用个人计算机或者小型工作站的屏幕作为观察虚拟景象的窗口,通过包括鼠标、追踪球、力矩球等输入设备实现虚拟和现实之间的交互,实现部分沉浸的感觉体验。该系统成本较低,沉浸感有限。比如,本章情境导入中的数字敦煌中的场景就是桌面式虚拟系统。

2. 沉浸式虚拟现实系统(Immersive VR)

高级的沉浸式虚拟现实系统,需要专用的头盔式显示器,把参与者的视觉、听觉和其他感觉封闭起来,提供一个新的、虚拟的感觉空间,并利用位置跟踪器、数据手套、其他手控输入设备等,使得参与者沉浸其中,产生身临其境的感觉。沉浸式 VR 的头盔和输入设备手柄如图 2-11 所示。

图 2-11　沉浸式 VR 除了头盔还有专为 VR 游戏设计的手柄

3. 增强式虚拟现实系统(Augmented VR)

增强式虚拟现实系统,不仅是对现实世界的模拟和仿真,更是要利用该技术来增强参与者对真实环境的感受,也就是说,真实环境中感受不到或者是不方便感受到的信息都能在该技术的支撑下得以感受到。比如,2019 年南方医科大学珠江医院方驰华教授团队在国家重点研发计划“数字诊疗装备研发”专项的支持下,完成了国际首例三维可视化、ICG(吲哚菁绿)分子荧光联合增强现实技术(AR)导航下的 3D 腹腔镜左半肝切除术,如图 2-12 所示。

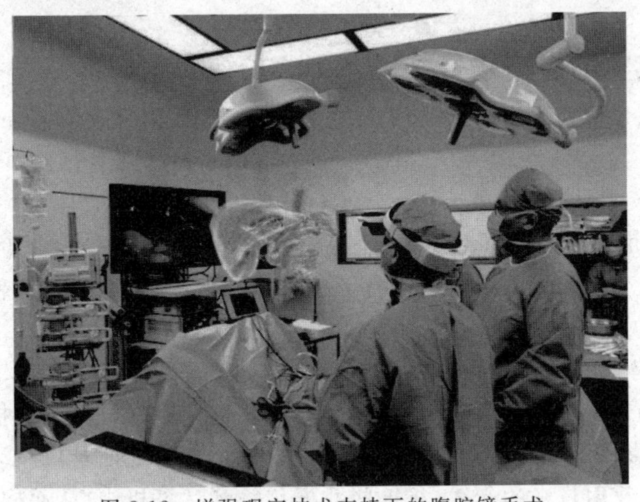

图 2-12　增强现实技术支持下的腹腔镜手术

此次计算机辅助肝切除手术中对患者术前三维可视化手术规划与3D腹腔镜手术视野中的真实肝脏可以在同一个视野中融合,手术医生术中可以通过对三维可视化图像进行隐藏、缩放、旋转、移动等各种操作,"透视"肝脏内部复杂血管系统,实时地"预判"肝脏深面的血管,更精准地进行手术操作,手术的安全性由此大幅提高。

4. 分布式虚拟现实系统(Distributed VR)

多个用户通过计算机网络连接在一起,同时参与到同一个虚拟空间共同体验,这样的虚拟现实系统称为分布式虚拟现实系统。分布式虚拟现实系统的概念和"元宇宙"的概念有相似之处,也是多个用户通过网络对同一虚拟世界进行观察和操作,以达到协同工作的目的。扎克伯格称,(原)Facebook公司内部使用Workrooms进行会议如图2-13所示。扎克伯格认为在Workrooms中,可以真正感受到与其他人存在同一空间,并认为这种互动方式比在手机或计算机上构建的平面社交更加丰富。

图2-13 (原)Facebook公司内部使用Workrooms会议厅

# 学习任务二 虚拟现实的应用场景及发展趋势

## 一、虚拟现实的应用场景

虚拟现实带来了前所未有的沉浸感,标志着沉浸式3D内容改变生活和工作等方式时代的开始。

1. 重新定义故事叙述的方式

VR中用户高度沉浸的特点为故事叙述提供了巨大机会,也为由叙事驱动的影视拍摄、游戏和娱乐等产业带来了无限可能。它将影响整个消费媒体领域,或会使得VR成为未来消费的独特沉浸式媒体。

2009年好莱坞利用虚拟现实技术拍摄了场面恢宏的影片《阿凡达》。《阿凡达》在拍摄中用了100多部摄像机来完成穿上布满捕捉点的紧身衣裤演员的"动作捕捉"外,还架设有一套"协同工作摄影机",一共多达140部数字摄影机全部对准演员,形成一个捕捉舞台,专门拍摄从演员身上反射过来的光线,将这些数据传输到计算机中,从而构成整个特效镜头。《阿凡达》中有60%的镜头中的主角都是计算机动画加工过的"纳威人",所以只能采用"表演捕捉”技术，即捕捉真人演员的面部表情，再把这些表情“贴”到“纳美人”的脸上，将真人演出影像与计算机动画结合，如图 2-14 所示，一个演员可以轻易分饰多人。

图 2-14　VR 技术在电影拍摄中的应用

2. 重新定义医疗健康行业

VR 技术已经开始渗透医疗健康领域，它被用于训练外科医生、制订手术计划、实现手术预演，降低手术风险等。

VR 技术还可以和暴露治疗结合起来，从而产生一种新的治疗技术——虚拟现实暴露技术，如图 2-15 所示，在治疗 PTSD(创伤后应激障碍)中效果显著。该技术运用虚拟现实技术把患者暴露于焦虑来源的虚拟情境，使得他们能够面对以后现实世界中的恐惧。伦敦 Virtual Exposure Therapy 公司已开始利用 VR 暴露疗法治疗恐惧症。暴露疗法可以治疗特定恐惧症包括对飞行、开车、高度的恐惧，对公共演讲、蜘蛛、雷暴、幽闭、广场的恐惧症，因机动车事故创伤后的应激障碍等。

图 2-15　VR 技术在医疗中治疗 PTSD

3. 重新定义购物方式

房地产和电商行业已经开始采用VR技术，因为它可以创建逼真的虚拟环境，让潜在买家在决定购买前可以真实体验物品品质，减少退货率。

4. 重新定义工作方式

虚拟现实正改变人们的工作和生活方式，人们可以根据个人喜好定制自己的VR工作空间，360°的屏幕空间能减少工作中的移动障碍和在不同任务之间切换的时间有效提高。

5. 重新定义教育实习实训形式

虚拟现实技术改变了原先教育设施购置计划，有越来越多基于虚拟现实技术的实训室开始建设。这不仅大大降低了教育硬件投资成本，也降低了实训室对空间的要求，并使得特殊岗位实训中的安全性大幅提升。

6. 重新定义文物保护模式

虚拟现实技术改变了文物传统的展示形式，许多文物，特别是书画类的文物在对外展示的过程中，游客每一次呼吸产生的酸性物质都会对文物造成破坏。利用虚拟现实技术不仅可以多角度展示文物的整体形式，又能展示每一处细节，和参观者的互动形式也更加多样。更突出的优点在于这种新形式使得珍贵文物能更好地得到保护。

虚拟现实技术在各行各业中的应用如图2-16所示。

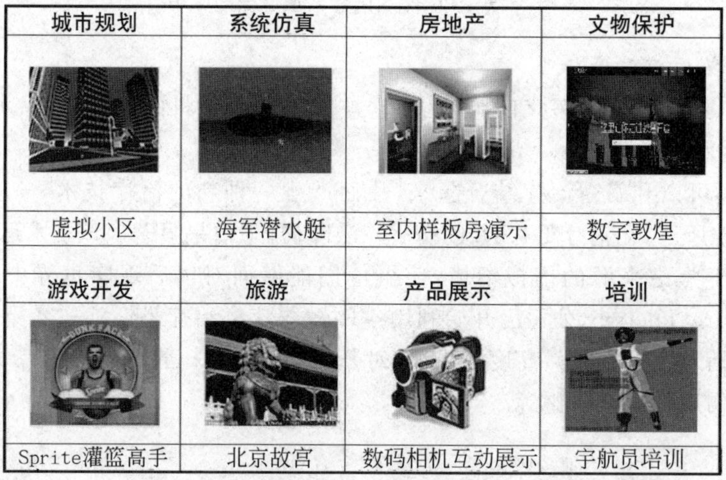

| 城市规划 | 系统仿真 | 房地产 | 文物保护 |
|---|---|---|---|
| 虚拟小区 | 海军潜水艇 | 室内样板房演示 | 数字敦煌 |
| **游戏开发** | **旅游** | **产品展示** | **培训** |
| Sprite灌篮高手 | 北京故宫 | 数码相机互动展示 | 宇航员培训 |

图2-16 虚拟现实技术在各行各业中的应用

## 二、虚拟现实的发展趋势

1. 虚拟现实设计中的核心挑战

(1) 用户安全性的设计挑战。VR强大的沉浸能力，让产品设计者首先要对用户安全负有重要责任。因为VR中不符合人体工程学的设计会导致明显的不适，如由于相机移动过快引起的恶心。VR广泛应用的首要性是安全，使得VR设计师必须严格遵守人们的健康习惯和运动标准。

(2) VR空间中的载体形式设计。对于手机、平板和笔记本电脑，设计师在一开始就知道载体形式和屏幕尺寸。但是在360°的VR空间中，载体形式和屏幕尺寸取决于VR环境的设计和布局，而这又由VR应用的目的决定。因此，VR的载体形式和屏幕尺寸甚至形状都会随项目的变化而变化。

2. 从VR到AR的发展趋势

AR是Augment Reality(增强现实)的缩写。AR定义为利用实时头部跟踪等技术,将计算机生成的虚拟景物或数字信息叠加到真实世界的画面中,以扩展对真实世界的认知。其核心技术包括三维注册、虚实融合、实时交互等。

增强现实是虚拟现实的一种类型,或者说是虚拟现实技术形式与内涵的发展和延伸。增强现实指的是把计算机生成的虚拟信息叠加在现实世界中,实现对真实世界信息的增强,使用户获得新的认知,并和虚拟世界发生交互。

增强现实系统借助光电显示技术、交互技术、计算机图形技术和可视化技术等构建出三维虚拟对象,当用户和增强现实系统交互时,传感技术识别出标识物,然后将虚拟对象准确地“放置”在真实环境中,用户通过显示设备看到虚拟对象与真实环境融为一体,从感官效果上“确信”虚拟事物是周围真实环境的一部分。基于此,用到的硬件包括计算机或移动设备、摄像机、跟踪与传感系统、显示器、计算机网络和标识物;软件包括应用程序、网络服务和内容服务器。增强现实系统具有三个特点,分别是虚实融合、实时交互以及三维图像配准。谷歌公司生产的一款增强现实眼镜,如图2-17所示。

图2-17　增强现实眼镜

增强现实系统按跟踪方法分为两种:①基于标识物的跟踪方法,即摄像头要捕捉到特定的识别物,然后使软件检索出相应信息,标识物通常是二维卡片,常用的是黑白方形图案;②无标识物跟踪方法,通常应用于移动智能终端,使用地理基站或GPS数据。不管是哪种类型,都需要有高速数据网和有效处理器,快速、准确地处理相关数据,使现实和虚拟融合得更加自然,人机交互更加友好。

增强现实系统应用十分广泛,包括广告、医疗、机器装配与维修、导航系统、考古与文物展示、艺术、娱乐游戏以及教育等诸多领域。例如,疫情期间,5G+AR远程会诊、AR查房、非接触式AR测温、AR车辆管控系统等,在疫情防控和复工复产中发挥了积极作用。2021年5月18日,国际博物馆日推出的“万年永宝:中国馆藏文物保护成果展”引入了增强现实技术,如图2-18所示,利用AR眼镜等穿戴设备,实现了在展厅现场中虚拟与现实的交互展示,观众可以看到国家馆藏文物保护修复的最新成果。

图 2-18 中国馆藏文物保护成果展中引入的增强现实技术

现在人们的生活越来越数字化，人们周围的信息也日益与情境相关，并能够被快捷地获取。增强现实技术透过移动设备的摄像头，可以让人们看见虚拟的物体在自己手中跳动，体验虚实结合的强烈沉浸感，产生身临其境的奇妙感受，完美实现了虚拟与现实的结合。

3. 混合现实技术

混合现实技术(MR, Mixed Reality)是虚拟现实技术的进一步发展，该技术通过在现实场景呈现虚拟场景信息，在现实世界、虚拟世界和用户之间搭建一个交互反馈的回路，以增强用户体验的真实感，又称新型数字全息影像技术。混合现实的经典图如图 2-19 所示。

图 2-19 混合现实的经典图

新冠肺炎混合现实医学影像实现临床应用的中国方案。

2020 年 3 月 27 日，在武汉协和医院放射科门诊 CT 阅片室，叶哲伟教授和 CT 室杨帆教授戴上混合现实眼镜，新冠肺炎患者肺部三维立体影像呈现在眼前，与 CT 阅片室里计算机上的二维图像形成鲜明对比，他们通过手势在空中移动、旋转、缩放三维图像，直接“透视”

观测新冠肺炎患者肺部结构，清晰地看到了用绿色标注出来的病变部位，效果比传统 CT 影像更加直观逼真，如图 2-20 所示。

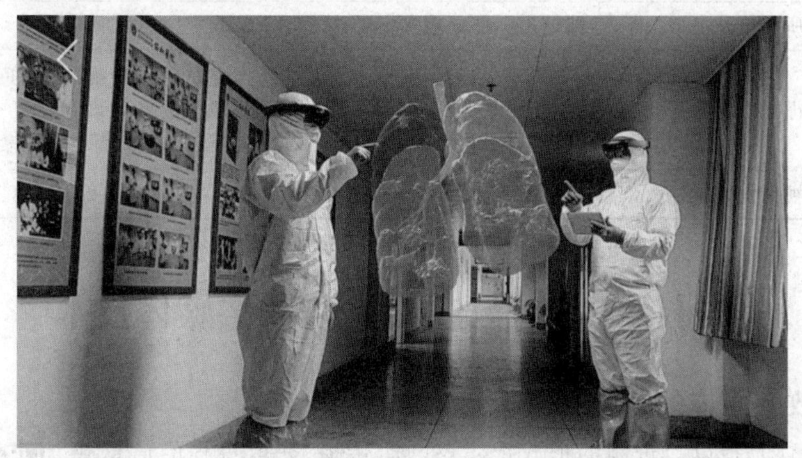

图 2-20 通过混合现实技术观察新冠肺炎患者肺部病变情况

华中科技大学同济医学院附属协和医院叶哲伟教授团队经过 2 个多月科研攻关，运用混合现实等多种智能医学前沿技术，成功创建新冠肺炎混合现实三维立体医学影像并进行一系列临床观测应用。2020 年 4 月 3 日，华中科技大学科技查新工作站通过检索确认，这在全球范围内尚属首次。

协和医院与中国电信湖北分公司、华为、北京维卓致远科技有限公司合作，将新冠肺炎患者的肺部 CT 扫描原始数据，通过专业软件构建三维全息的可视图像，将三维立体图像引入现实场景中，并借助 5G 和云平台技术，在虚拟世界、现实世界和用户之间实现互动。通过新冠肺炎患者肺部的混合现实医学影像，医务人员在三维空间对肺部病变进行全方位立体观察，更加直观、立体，可以更加精准地了解新冠肺炎的空间结构和病理变化。

叶哲伟教授团队此次创建的新冠肺炎三维立体医学影像，使用的是混合现实技术，该技术是虚拟现实技术和增强现实技术之后出现的全新数字全息影像技术，其核心特性是打破了数字虚拟世界与物理真实世界的界限。

此次疫情期间，叶哲伟教授团队在协和医院门诊室、CT 室、多学科普通病房、智能医学实验室和新冠肺炎隔离病房之间进行了多项智能医学探索和应用，成功实施新冠肺炎混合现实影像交流，开展了不见面的多学科会诊，大幅提高工作效率，也有效避免了医护人员的交叉感染风险。

叶哲伟教授团队在“湖北省技术创新专项重大项目”和“华中科技大学新型冠状病毒性肺炎应急科技攻关专项”的研究基础上，通过医学混合现实、人工智能、5G 云平台、边缘计算、多学科增强现实会诊系统、移动查房系统、远程居家医疗系统等前沿科技战“疫”，贡献了中国医学科研工作者在疫情防控中的力量和智慧。

4. VR、AR、MR 的区别

VR、AR、MR 三个概念的区别如表 2-2 所示。

表 2-2 VR、AR、MR 的区别

| 特点 | VR | AR | MR |
|---|---|---|---|
| 特点 1 | 所见都是虚拟 | 部分虚拟部分现实 | 部分虚拟部分现实 |
| 特点 2 | 虚拟世界的互动 | 在现实中展现的虚拟信息只能简单叠加在现实事物上 | 与现实世界精准匹配的虚拟世界能与现实世界各事物相互交互以及快速获取现实世界信息反馈的技术 |
| 特点 3 | 视角宽,清晰度高 | 视角度不如 VR,清晰度不高 | 视角宽,清晰度高 |

# 学习任务三　数字媒体与数字媒体技术

## 一、数字媒体的几个相关概念

数字媒体是指以二进制的形式记录、处理、传播、获取过程的信息载体,包括数字化的文字、图形、图像、声音、视频影像和动画等感觉媒体及其表示媒体等(统称逻辑媒体),以及存储、传输、显示逻辑媒体的实物媒体。

数字媒体及数字媒体技术

数字媒体有时候也被称为多媒体,是由数字技术支持下表现形式更丰富、更具视觉冲击力,更具有互动特性的信息传输载体。当下流行的数字媒体平台如图 2-21 所示,平台上有丰富的数字媒体内容。

图 2-21　丰富的数字媒体平台

自媒体英文为 We Media,是普通大众经由数字科技与全球知识体系相连之后,一种提供与分享他们本身的事实和新闻的途径。自媒体是私人化、平民化、普泛化、自主化的传播者,通过网络等途径,向不特定的大多数或者特定的单个人传递规范性及非规范性数字信息的新媒体的总称,是大众向外发布他们本身的事实和新闻的传播方式。国内比较流行的有微信、微博、小红书、抖音、快手等,国外有 ins、Meta 等。在众多社交网站(Social Networking Services)的助力下,我们所处的是一个“人人都有麦克风,人人都是路透社”的自媒体时代。自媒体由于简洁、便利、易操作的特点,整体门槛较低,也使得自媒体信息的质量良莠不齐,可信度较低,甚至成为谣言的温床。在阅读自媒体信息时要仔细甄别，以免被误导。

新媒体英文为 New Media 是一个相对报刊、广播、电视等传统媒体以后，利用数字技术、网络技术，通过互联网、宽带局域网、无线通信网、卫星等渠道在计算机、手机、数字电视机等终端发展起来的新的媒体形态，包括网络媒体、手机媒体、数字电视等宽泛的概念，严格地说，新媒体应该称为数字化新媒体。新媒体具有交互性与即时性，海量性与共享性，多媒体与超文本，个性化与社群化的特征，使得信息内容获取成本较传统媒体更低，获取速度更快。

融媒体英文为 Media Convergence，是一种新型媒体宣传理念。融媒体充分利用各式媒介载体，把传统的广播、电视、报纸，以及新型的移动互联、数字社交媒体等既有共同点，又存在互补性的不同媒体间构建媒体矩阵，在内容、形式、途径等方面进行全面整合，实现“资源融通、内容融通、宣传互融、利益共融”的新局面，以达到快速提升企业品牌影响力的目的。当下流行的自媒体、新媒体、融媒体的概念多少都与数字媒体有一定关联，几个概念间的简单关系如图 2-22 所示。

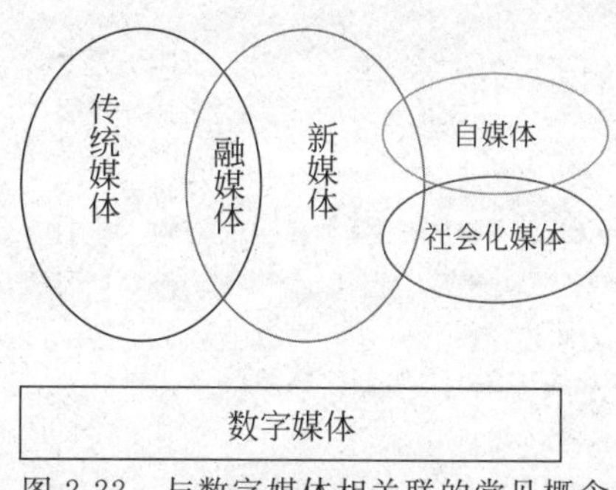


图 2-22　与数字媒体相关联的常见概念

## 二、数字媒体技术及图片的简单编辑

数字媒体技术简单来说就是为了实现数字媒体传播而使用的一些技术手段，常用的一些技术手段如图 2-23 所示。另外，数字媒体技术还是一门普通高等学校的计算机类本科专业，是将抽象的数字、作为实物的媒体以及计算机技术三者结合在一起的专业，是面向数字音频、视频、数字电影、计算机动画、虚拟现实等新一代的数字传播媒体而开设的一个新兴专业。

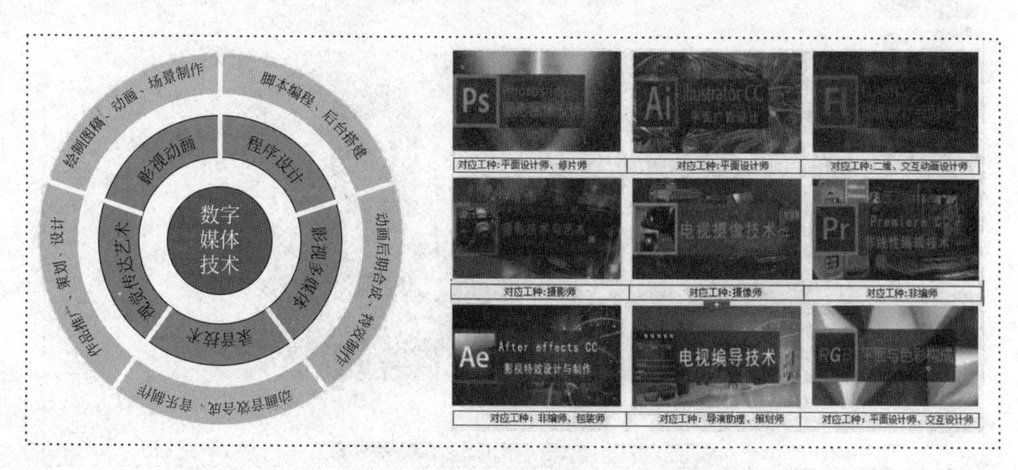


图 2-23　数字媒体技术包含的内容及常用计算机软件

数字媒体技术主要面向影视以及游戏中的场景设计、角色形象设计、视频音频编辑等多媒体后期处理、人机交互技术、宽带媒体技术等内容。

图片处理

以编辑一张一寸的证件照为案例，介绍一款易学的图片编辑工具“美图秀秀”。

第一步：打开浏览器，打开美图秀秀的官方网站，获取美图秀秀的安装包（Windows 版本），下载至本地，双击可执行文件进行安装。

第二步：单击图 2-24 软件界面右上角的“打开”按钮，从目标文件夹中找出需要处理的一张人像照片。

图 2-24　美图秀秀图像编辑软件首页面

第三步：选择“抠图”，再单击图 2-25 中的“智能抠图”，自动识别类型选择“人像”，自动抠出需要的头像。

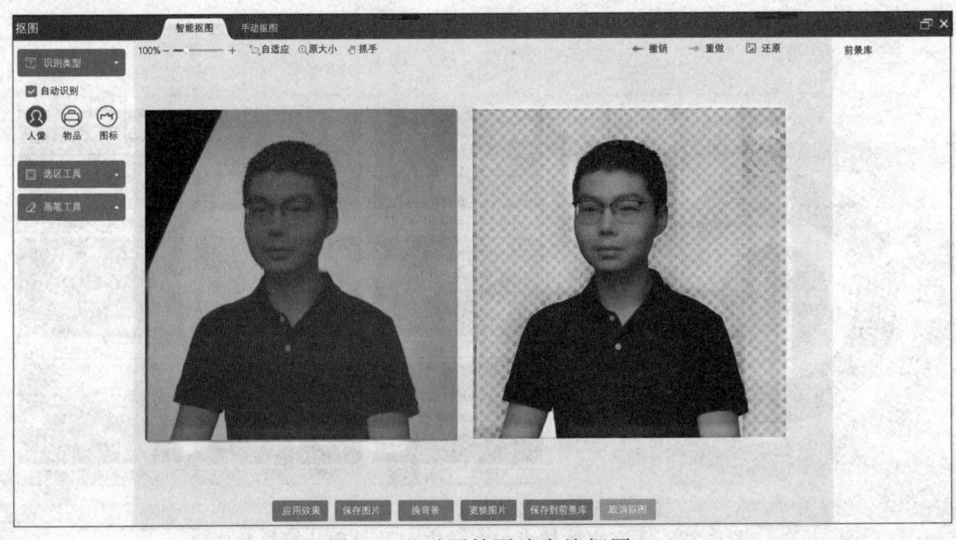


图 2-25　对原始图片实施抠图

第四步：在图 2-25 中单击“换背景”按钮，选择证件照中要求的背景（一般是纯蓝色、红色或白色）。

第五步：按照证件照尺寸要求调整照片大小，以大小为 2.5cm×3.5cm，413 像素×295 像素的一寸照片为例，调整尺寸。另外，证件照一般要求头像占照片的 2/3，所以需要调整图 2-26 中的图片大小以满足要求。最后按照指定路径及图片格式保存图片，同理可得其他颜色背景的证件照如图 2-27 所示。

图 2-26 对图片背景色及尺寸按需进行调整

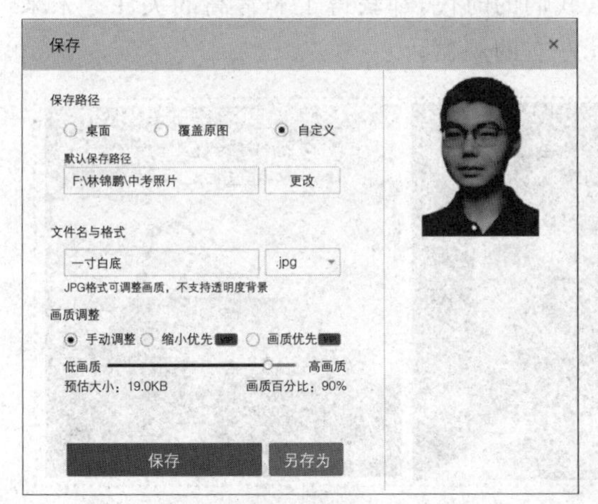


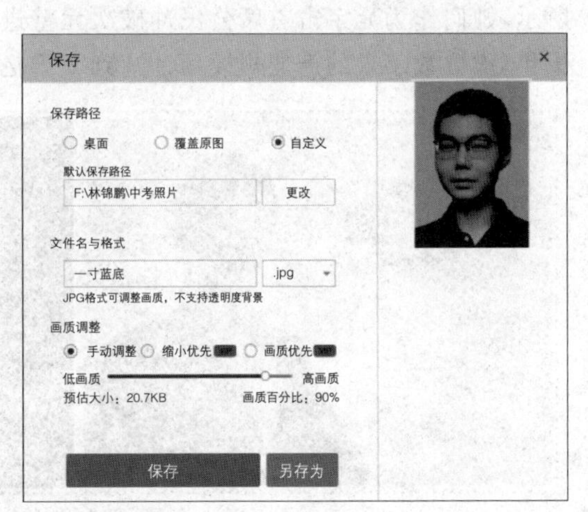


图 2-27 按指定路径保存图片

## 三、数字媒体应用

数字媒体技术因其在影视广告和媒体宣传中体现出明显的场景应用优势，已经成为现代社会中无论是公共信息或者个人信息发布以及形象宣传的一种高效便捷的技术方式。

数字媒体技术的优势有效促进了影视产业的数字化发展，通过数字媒体技术的非线性编辑和影视合成，在影视作品的拍摄、后期制作以及特效处理等方面的应用，丰富影视作品表现内容和表现效果的同时，极大地提高了影视作品的制作效率，为观众提供了更加丰富多元的感官体验。

数字媒体技术在其他工作和生活场景中也有诸多应用，比如数字媒体的信息化教学手段改变了传统端坐在教室中听讲的教学模式；商务办公中改变了原先低效的交流模式；越来越多像QQ、微信、微博、抖音、快手等的SNS社交数字媒体平台出现在大众的休闲娱乐生活中，完全颠覆了原先的沟通交往模式。

随着数字媒体技术的不断更新和发展，特别是在以虚拟现实技术、人工智能为代表的新一代信息技术的赋能下，这些数字媒体交流工具在实现远程信息交流的基础上，提供的功能也日益多元，功能间的集成整合也越多，不仅极大提高了技术应用的便利性，使大众信息交流传播日益便捷高效，进而对人们的行为交往模式产生了深刻的影响。数字媒体技术的创新及其在多个行业领域中的赋能应用，推动了现代社会生产生活方式和社会结构的变革。

数字媒体技术，虚拟现实技术开启了全新“视”界。在南京举行的2022江苏卫视跨年演唱会上，使用最先进技术合成的数字虚拟人“邓丽君”惊现舞台。这不是第一位数字虚拟人技术亮相，2021年“双十一”快手的直播间推出了首个电商虚拟主播“关小芳”，直播间内她与观众进行游戏互动，送出多个品牌福利。2019年浦发银行推出了金融数字人“小浦”成为首位数字员工。清华大学计算机系推出首个拥有持续学习能力，能逐渐“长大”，不断学习数据中隐含的“模式”的虚拟学生“华智冰”。2022年1月7日，尚美生活发布酒店行业首个数字虚拟品牌代言人“尚小美”，她还是“首席数字主理人”，承担探索如何“让所有人在任何时空都能住上好酒店”的职责。

越来越多走向商用前台的数字虚拟技术形象使得元宇宙不再只是一个概念，元宇宙时代的到来已势不可挡。“小浦”“尚小美”“华智冰”等各行各业的虚拟数字人形象如图2-28所示，她们作为元宇宙首席公民冲破次元壁进入我们的时代，都获得了非常高的关注。未来十年，虚拟数字人的产业规模预计达到3千亿元左右的规模。

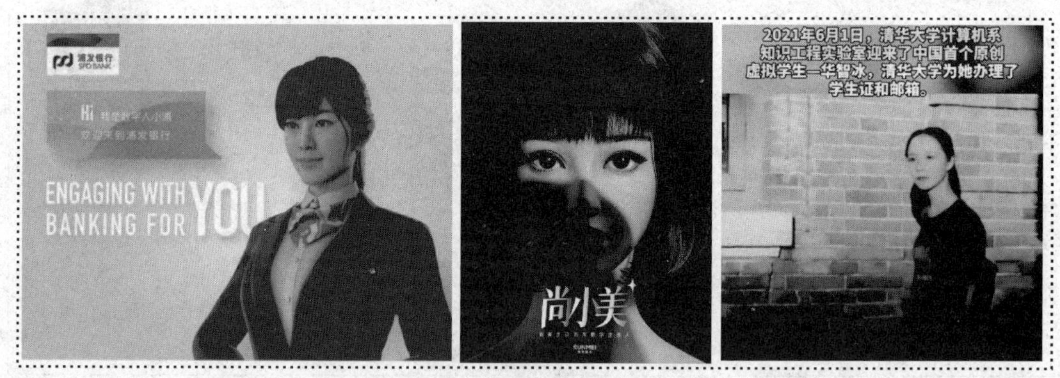


图2-28 金融、商业和学术等领域内的虚拟数字人形象

## 学习自评

**一、填空题**

1. 我国航天事业奠基人，伟大的科学家钱学森曾经给VR起了一个诗情画意的中国名字是________。

2. 虚拟现实VR(Virtual Reality)，又称________，是采用以________为核心的技术，生成逼真的视、听、触觉等一体化的虚拟环境，用户借助必要的设备以自然的方式与虚拟世界中的物体进行交互，相互影响，从而产生________的感受和体验。

3. 虚拟现实的3I基本特征有：________、________和________。

4. 一个典型的VR系统主要由________系统和________设备等组成。其中，________是VR系统的心脏，负责构建虚拟世界和实现人机交互过程。

5. 根据沉浸程度的高低和交互程度的不同，虚拟现实系统可以分成四种类型：________、________、________、________。

**二、判断题**

1. 虚拟现实中的重要技术是光电显示视觉技术。　(　　)

2. 数字敦煌利用了虚拟现实技术，实现了文物保护的新途径。　(　　)

3. 一个典型的VR系统主要由计算机软、硬件系统和VR输入/输出设备等组成。其中，手柄是VR系统的心脏，负责构建虚拟世界和实现人机交互过程。　(　　)

4. AR和MR都是部分虚拟部分现实，所有二者没有区别。　(　　)

5. 全球范围内，中国医生首次通过增强现实技术观察新冠肺炎患者肺部病变情况。　(　　)

**三、简答题**

1. 什么是混合现实与增强现实技术，两者有什么区别？

2. 虚拟现实系统组成有哪些？

3. 举例说明虚拟现实技术在当下和未来生活中的应用场景有哪些。

**四、拓展思考题**

观看影片《头号玩家》并查阅元宇宙的概念，小组讨论虚拟现实技术在未来会如何改变社会。

# 学习情境三

## 大数据技术　岂止是大

### 情境导入

“大数据”是当下互联网中的热门话题，如图 3-1 所示。新冠肺炎疫情期间，行程卡和健康码是居民出行和参加公共活动需要提供有效证明的软件工具。行程卡和健康码都是大数据产品，行程卡的全称即为“通信大数据行程卡”，如图 3-2 所示。那么如何通过通信大数据获知个人行程，并提示行程中存在疫情风险地区？时空伴随者的概念也与通信大数据有关联，但其判定的依据是什么？

图 3-1　互联网中的热门话题“大数据”

图 3-2　通信大数据行程卡

### 情境解析

通信大数据行程卡，是由中国信息通信研究院联合中国电信、中国移动、中国联通三家电信企业利用手机“信令数据”（手机开启后会自动搜索周边基站，并选取信号最优的接入的数据），通过各个基站检测接收到的信号参数，如信号到达时间、信号到达方位角、到达信号的强度等构成的“信令数据”就能确定手机的位置。通过用户手机所处的基站位置获取到的通信大数据，为全国 16 亿手机用户免费提供查询是否经过了风险地区的信息服务，手机用户能查询本人前 14 天到过的所有地市信息。

岂止是“大”的大数据

湖南长沙市疾控中心给予的时空伴随者的判定定义如图 3-3 所示。与新冠确诊者在户外开放空间的同一时空网格内（800m×800m）有过规定时长（例如 10 分钟及以上）轨迹碰撞的手机号码，定义为可能暴露的时空伴随。有些地区也称为时空交叉、时空重合，其判定原则也大体类似。被系统标记为“时空伴随”者的健康码就会变成带有警告提示性质的橙码，接下来时空伴随者要主动向社区汇报，并在3天内进行2次核酸检测，2次核酸检测间隔应在24小时以上，获得核酸阴性结果前需要自行居家隔离，不要外出。

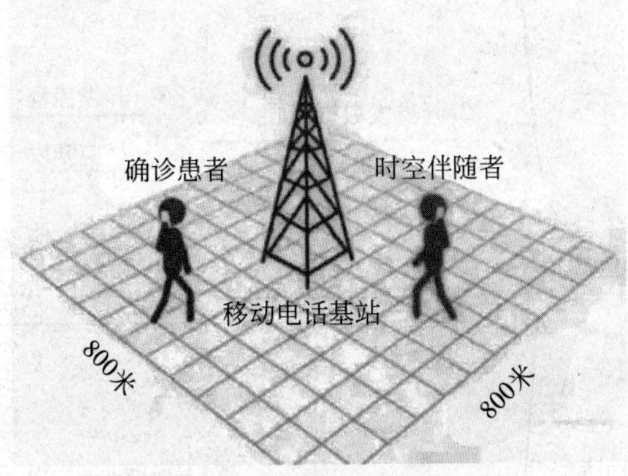


图3-3 时空伴随者的判定示意图

在新冠肺炎疫情防控中，行程卡和健康码在国内防疫中做出了重大贡献，受到国家表彰，也为世界的防疫工作提供了中国数字方案，是中国为人类防疫做出的创新性贡献。

## 学习目标

学习情境三包括四个学习任务，其知识(Knowledge)目标，思政(Political)案例以及创新(Innovation)目标和技能(Skill)如表3-1所示。

表3-1 本章学习重点内容 KPI+S

| 序号 | 学习章节 | 学习重点内容 KPI+S | | | |
|---|---|---|---|---|---|
| | | 知识目标 | 思政案例 | 创新目标 | 技能 |
| 1 | 情境导入 | 时空伴随者 | 科技向善，大数据在疫情密切接触定义中的作用 | 世界的防疫工作提供了中国数字方案 | — |
| 2 | 大数据的发展历史及概念 | 大数据的四个特征 | — | 人类分析问题的第四范式 | — |
| 3 | 大数据相关的技术 | 分布式计算框架MapReduce开发大数据项目的基本流程 | — | 数据分析中的高级分析以挖掘出数据背后的事件关联 | 大数据采集软件八爪鱼的网络数据采集技能 |
| 4 | 科技向善“数”说安全 | — | 科技向善，警惕大数据技术下的新式犯罪；大数据立法保护个人隐私数据 | “数”说安全 | — |

**知识导图**

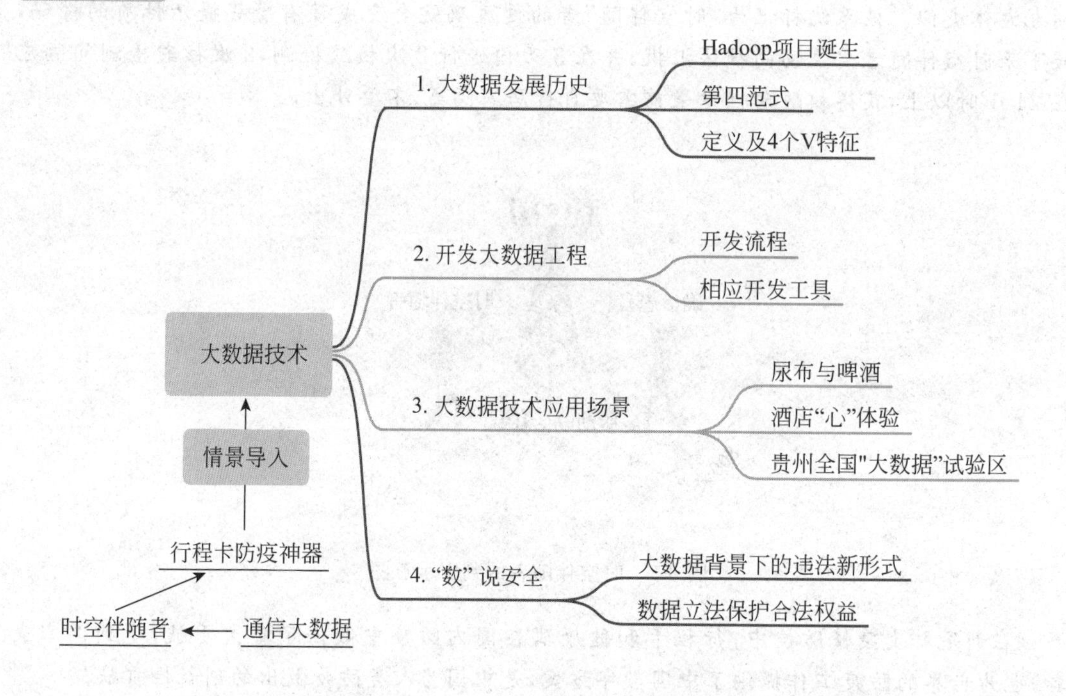


# 学习任务一　大数据的发展历史及概念

目前，大数据技术已经被广泛应用并取得了显著成效，比如 Google 的研究人员利用搜索关键词对流感的散布情况进行了预测；统计学家内特·西尔弗(Nate Silver)利用大数据准确预测了 2012 年美国总统选举的结果；梅西百货根据需求和库存的实时数据，对多达 7300 万种货品进行动态调价。

2015 年 9 月，我国国务院印发《促进大数据发展行动纲要》，系统部署大数据发展工作，明确指出：推动大数据发展和应用，在未来 5～10 年打造精准治理、多方协作的社会治理新模式，建立运行平稳、安全高效的经济运行新机制，构建以人为本、惠及全民的民生服务新体系，开启大众创业、万众创新的创新驱动新格局，培育高端智能、繁荣的产业发展新生态。对于大数据技术的了解和研究成为未来人才的必备技能。

## 一、大数据概念的诞生

说法一：大数据的名称来自如图 3-4 中的未来学家阿尔文·托夫勒所著的《第三次浪潮》。早在 1980 年，著名未来学家阿尔文·托夫勒在其所著的《第三次浪潮》中就将大数据称颂为“第三次浪潮的华彩乐章”。《自然》杂志在 2008 年 9 月推出了名为“大数据”的封面专栏。从 2009 年开始，大数

图 3-4 《第三次浪潮》提及大数据概念

据一直是互联网技术行业中的热门词汇。

说法二:大数据随着 Hadoop 项目的发展而来。2005 年 Hadoop 项目(图 3-5)诞生。Hadoop 项目的目标是提供一个使得对结构化和复杂数据的快速、可靠分析变为现实的基础。随着 Hadoop 项目的发展,2008 年年末,大数据得到部分美国知名计算机科学研究人员的认可,业界组织计算社区联盟(Computing Community Consortium),发表了一份有影响力的白皮书《大数据计算:在商务、科学和社会领域创建革命性突破》。它提出大数据真正重要的是新用途和新见解,而非数据本身,此组织是较早提出大数据概念的机构。

图 3-5　Hadoop 项目

世界著名的管理咨询公司麦肯锡公司对大数据进行收集和分析。麦肯锡公司看到了各种网络平台记录的个人海量信息具备潜在的商业价值,于是投入大量人力物力进行调研,在 2011 年 6 月发布了关于大数据的报告,该报告对大数据产生的影响、关键技术和应用领域等都进行了详尽的分析。

经济学鼻祖、诺贝尔经济学奖获得者罗纳德·哈里·科斯曾说"如果你拷问数据到一定程度,它就会告诉你一切:已经发生了什么?为什么会发生?未来还会有什么相关联的事情发生?",这就是所谓的用数字说话的思维方式。用大数据来指导实践已经成为继观察法、实验法和推理演算后的第四范式,大数据挖掘后的结论无关因果,只是大数据分析后事件之间的关联性。因而,数据也成为继石油之后推动经济发展的重要"燃料"。

## 二、大数据的定义

对于大数据,研究机构 Gartner 给出这样的定义:大数据是需要新处理模式才能具有更强的决策力、洞察发现力和流程优化能力来适应海量、高增长率和多样化的信息资产。

麦肯锡全球研究所给出的定义是:一种规模大到在获取、存储、管理、分析方面大大超出传统数据库软件工具能力范围的数据集合,具有海量的数据规模、快速的数据流转、多样的数据类型和价值密度低四大特征。

IBM 公司最早将大数据的特征归纳为 4 个 V,即 Volume、Variety、Value、Velocity,如图 3-6 所示。Volume 指数据体量巨大,大数据的起始计量单位至少是 PB(1000 个 T)、EB(100 万个 T)或 ZB(10 亿个 T),简单常用的数据量单位如图 3-7 所示;Variety 指数据类型繁多,比如,网络日志、视频、图片、地理位置信息等;Value 指商业价值高。价值密度低;Velocity 指处理速度快。

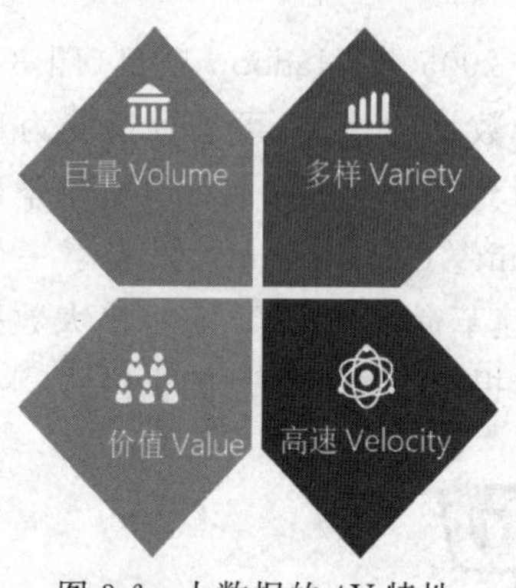

图 3-6 大数据的 4V 特性

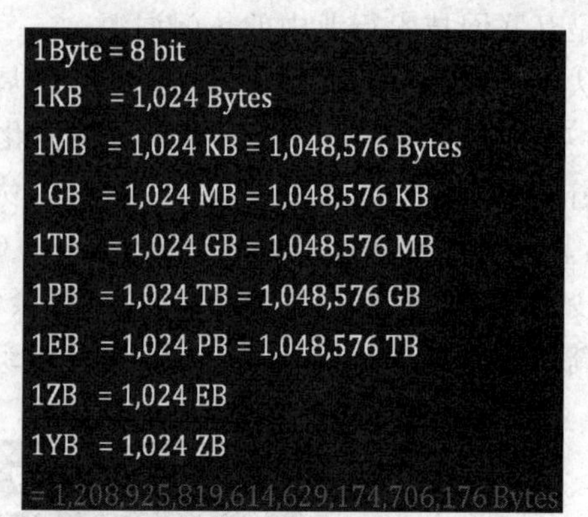
1Byte = 8 bit
1KB = 1,024 Bytes
1MB = 1,024 KB = 1,048,576 Bytes
1GB = 1,024 MB = 1,048,576 KB
1TB = 1,024 GB = 1,048,576 MB
1PB = 1,024 TB = 1,048,576 GB
1EB = 1,024 PB = 1,048,576 TB
1ZB = 1,024 EB
1YB = 1,024 ZB
= 1,208,925,819,614,629,174,706,176 Bytes

图 3-7 数据量单位

## 三、数据挖掘

数据挖掘（Data Mining），是数据库知识发现（Knowledge-Discovery in Databases，KDD）中的一个步骤。数据挖掘一般是指从大量的数据中通过算法搜索隐藏其中的信息的过程。数据挖掘通常与计算机科学有关，并通过统计、在线分析处理、情报检索、机器学习、专家系统和模式识别等诸多方法来实现上述目标。

数据挖掘需要的知识积累包括概率论、矩阵论、信息论与统计学等。其中，概率论是支撑整个数据挖掘算法和机器学习算法的数学基础。线性代数中矩阵论是对数据挖掘最有用的部分。信息论是将信息和数学紧密连接在一起并完美表达的桥梁。统计学是数据分析最早的依赖基础，通常和概率论一起应用，现在的机器学习和数据挖掘很多都基于统计。

## 四、大数据相关技术的发展

大数据相关技术的不断涌现和发展，让人们处理海量数据变得更加容易和迅速，成为人们利用数据的好助手。大数据技术已经改变了许多行业的商业模式，大数据相关技术的发展可以分为六大方向，如图 3-8 所示。

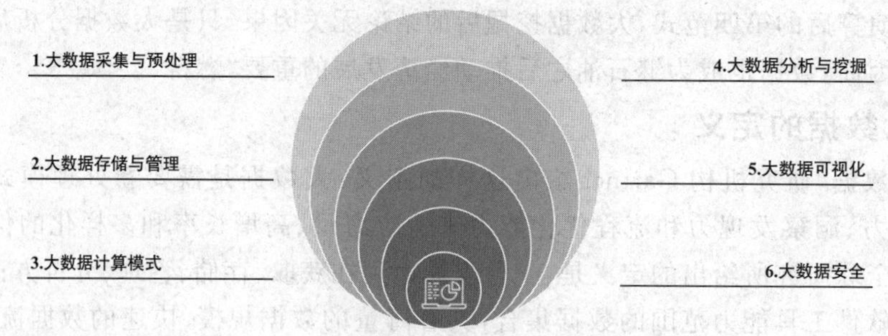

图 3-8 大数据技术发展的六大方向

## 五、大数据人才与就业

海量数据蕴含着巨大的生产力和商机。大数据已经广泛应用于电网运行、经营管理及优质服务等各大领域，也引领了大数据人才的变革。

随着国家对大数据应用的重视，政府大力扶持大数据的发展，大数据在企业中生根发芽，开花结果。大数据的就业方向主要有三大类：数据分析、系统研发和应用开发。基础岗位分别是大数据系统研发工程师、大数据应用开发工程师、大数据分析师，如图 3-9 所示。就业去向有：数据类企业、互联网企业、金融部门、大型企事业单位等。

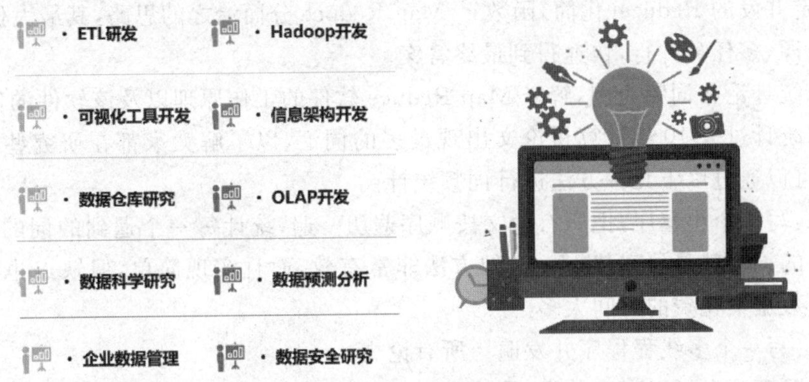


图 3-9 大数据就业岗位

# 学习任务二 开发大数据工程所需的相关技术

大数据是一门融合多种学科体系的复合型技术，既需要行业领域的知识也需要数学学科中统计学的基础，最重要的是要有一定的计算机编程或者软件应用能力。大数据技术的韦恩图如图 3-10 所示。

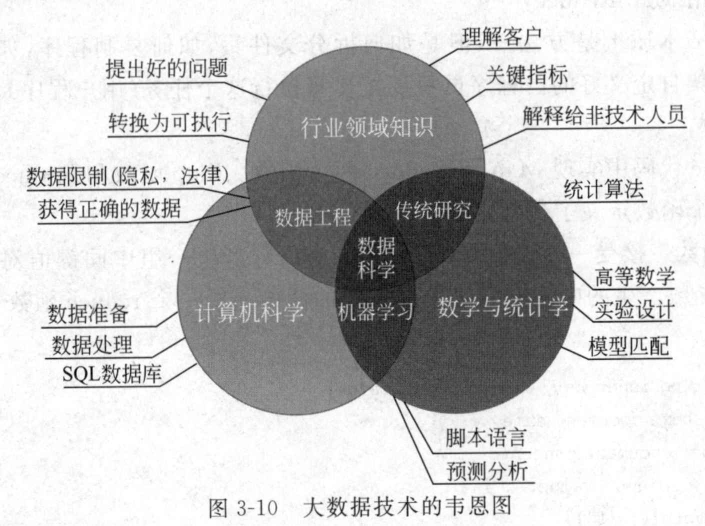


图 3-10 大数据技术的韦恩图

## 一、分布式计算框架 Map Reduce

Map Reduce 最早是由 Google 公司研究提出的一种面向大规模数据(大于 1TB)处理的并行计算模型和方法。Google 公司设计 Map Reduce 的初衷是为了解决其搜索引擎中大规模网页数据的并行化处理。Google 公司发明了 Map Reduce 之后，首先用其重新改写了 Google 搜索引擎中的 Web 文档索引处理系统。Map Reduce 可以普遍应用于大规模数据的计算问题，因此自 Map Reduce 以后，Google 公司内部进一步将其广泛应用于很多大规模数据处理问题。Google 公司内有上万个各种不同的算法问题和程序都使用 Map Reduce 进行处理。

Map Reduce 软件实现是指定一个 Map(映射)函数,用来把一组键值对映射成一组新的键值对,指定并发的 Reduce(化简)函数 。Map Reduce 分而治之的思路,其最大优点是充分利用闲置资源,多任务并行,快速得到最终答案。

下面以统计论文词频为例,解释 Map Reduce 软件的工作原理以及该软件的优势。

如果想统计过去 10 年计算机论文出现最多的词汇,以了解大家都在研究些什么,收集好论文后,可以通过以下几种方法进行词频统计。

方法一:写一个小程序,把所有论文按顺序遍历一遍,统计每一个遇到的词的出现次数,出现次数多的词汇就是研究热点。这种方法非常有效,而且实现简单,但缺点也很明显,就是顺序遍历数据集花费的时间太多。

方法二:写一个多线程程序并发遍历所有论文。

这个问题理论上可以高度并发,因为统计一个文件时不会影响统计另一个文件。当机器是多核或多处理器,方法二比方法一高效。但是编写多线程程序比方法一困难很多,而且必须同步共享数据,比如要防止两个线程重复统计文件。显然,方法二也并非良策。

方法三:把作业交给多个计算机去完成。

使用方法一把程序部署到 $N$ 台机器上,然后把论文集分成 $N$ 份,一台机器执行一个作业。这个方法用时少,但是部署比较麻烦,且需要人工把程序复制到其他机器上,同样需要人工把论文集分开,最后还要把 $N$ 个运行结果进行整合。该方法效率也并不会太高。

方法四:使用 Map Reduce。

Map Reduce 本质上是方法三,但是如何拆分文件集,如何复制程序,如何整合结果是 Map Reduce 框架自定义好的。程序员只要按步骤执行这个任务(用户程序),其他都由 Map Reduce 自动完成。

Map Reduce 代码中实现 Map 和 Reduce 两个函数。Map 函数和 Reduce 函数是交给用户实现的,这两个函数定义了任务本身。

(1) Map 函数。接受一个键值对(key-value pair),产生一组中间键值对。Map Reduce 框架会将 map 函数产生的中间键值对里键相同的值传递给一个 reduce 函数,如下。

```
ClassMapper
methodmap(String input_key, String input_value):
//input_key: text document name
//input_value: document contents
for eachword w ininput_value:
EmitIntermediate(w, "1");
```

(2) Reduce 函数。接受一个键,以及相关的一组值,将这组值进行合并产生一组规模更小的值(通常只有一个或零个值),如下。

```
ClassReducer
method reduce(String output_key,Iterator intermediate_values):
//output_key: a word
//output_values: a list of counts
intresult = 0;
for each v in intermediate_values:
```

```
    result + = ParseInt(v);
    Emit(AsString(result));
```

在统计词频的例子里，map 函数接受的键是文件名，值是文件的内容，map 逐个遍历单词，每遇到一个单词 w，就产生一个中间键值对＜w,"1"＞，表示又找到一个单词 w；MapReduce 将键相同(都是单词 w)的键值对传给 reduce 函数，这样 reduce 函数接受的键就是单词 w，值是一串 1(最基本的实现是这样，但可以优化)，个数等于键为 w 的键值对的个数，然后将这些 1 累加得到单词 w 的出现次数。最后这些单词的出现次数会被写到用户定义的位置，存储在底层的分布式存储系统(GFS 或 HDFS)。

## 二、大数据技术的分析特点

1. 可编程自动化代替传统手工

由于数据规模太大，需要用程序自动对原始数据进行处理，或完成基本的探索。单机版本的软件可以用 R、Python 等，分布式用 Hadoop MR 或 Spark Mllib。常用的大数据分析工具软件如图 3-11 所示。

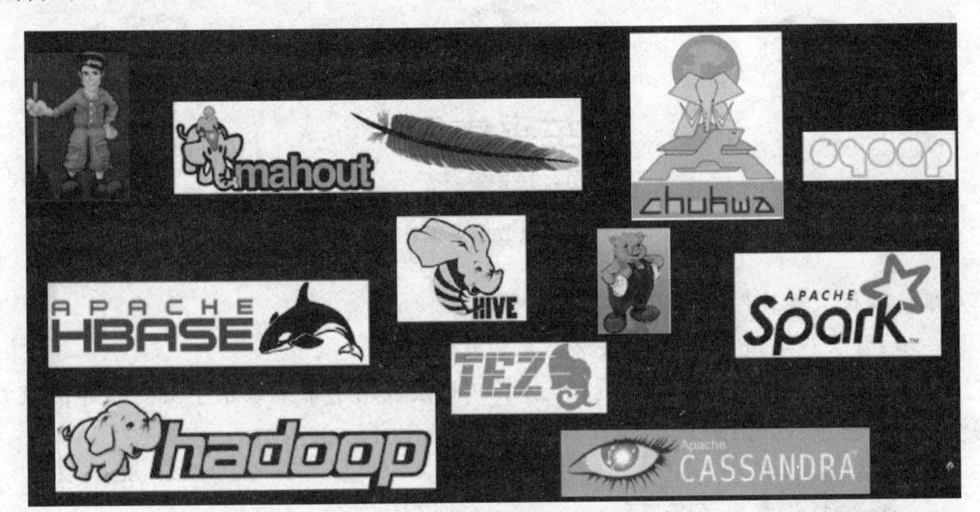


图 3-11　常用的大数据分析工具软件

2. 数据驱动代替传统假设分析

许多分析师使用传统的先提出假设，然后收集数据，验证假设是否正确的假设驱动的分析方法研究问题，探究事物发展规律。在大数据场景下，可以使用海量数据驱动分析获得结果。

3. 大量的数据属性代替传统数据维度

大数据分析中的数据维度丰富，大量的视频、音频流数据代替传统的数字、文本和图片的简单维度的数据。数据多属性丰富的维度确保了大数据分析结果的可信性、可靠性和实用性。

4. 可迭代性

随着不断提升的计算能力，可以实现数据分析模型的不断迭代，直到获得满意的效果，实现对未来事物的科学预测和精准指导。

## 三、开发数据工程流程

开发一个完整的数据工程需要的步骤如图 3-12 所示。

图 3-12 开发一个完整的数据工程需要的步骤

数据采集案例讲解

1. 数据采集

网络爬虫(Crawler,又称为网页蜘蛛、网络机器人),是一种按照一定规则,自动抓取万维网信息的程序或脚本。该技术相关的知识主要有爬虫原理、HTML、正则解析等;常用的程序开发语言及框架有 Python、Java、Scrapy 等,以及八爪鱼、火车头等专门爬虫工具软件,如图 3-13 所示。

图 3-13 常用爬虫数据采集软件工具

八爪鱼数据采集软件的使用方法。

第一步:登录八爪鱼官网,下载安装八爪鱼软件。

第二步:在"热门采集模板"中,选择"京东"(此模板用于采集京东主页商品详情或者商品评论的列表信息),如图 3-14 所示。

图 3-14 八爪鱼数据采集软件的界面

第三步:选中"京东评论分类"(此模板用于采集京东商品详情页的当前商品评论,按照"好评""中评""差评"的顺序分别采集),如图 3-15 所示。

图 3-15　八爪鱼软件自带“京东评论分类”模板

第四步：单击“立即使用”按钮，如图 3-16 所示，进入参数配置界面（以京东某页面小米 RedmiBook pro 14 锐龙版 2021 款 2.5K 屏轻薄红米笔记本电脑为例），读者可自行选择商品页面进行评论数据的收集。

图 3-16　对某款京东的商品进行评论数据分析

第五步：输入京东商城目标商品网址后，单击“保存并启动”按钮，如图 3-17 所示。

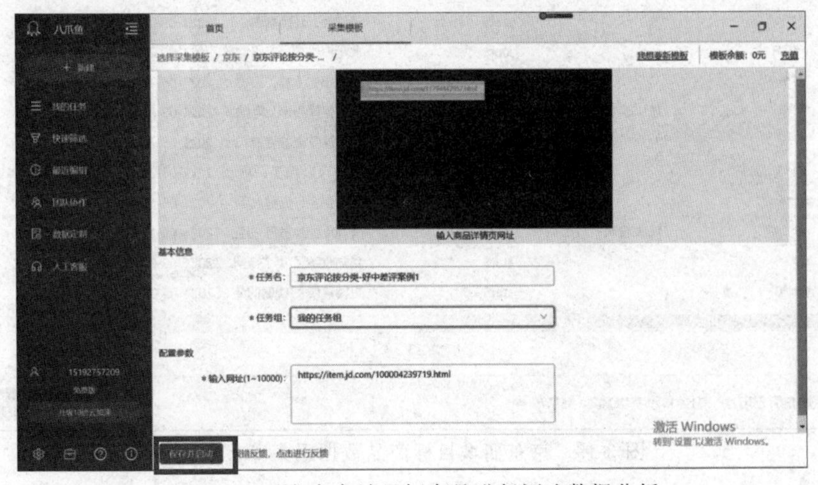


图 3-17　对京东商城目标商品进行评论数据分析

第六步：单击“启动本地采集”按钮，如图 3-18 所示，开始数据采集。

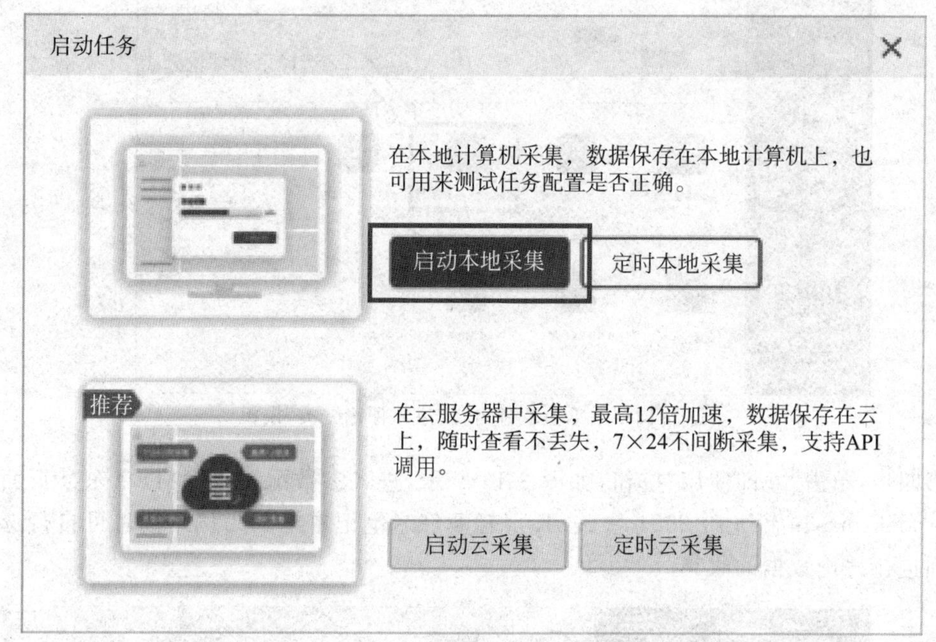


图 3-18　对京东商城目标商品启动数据采集

采集过程如图 3-19 所示。

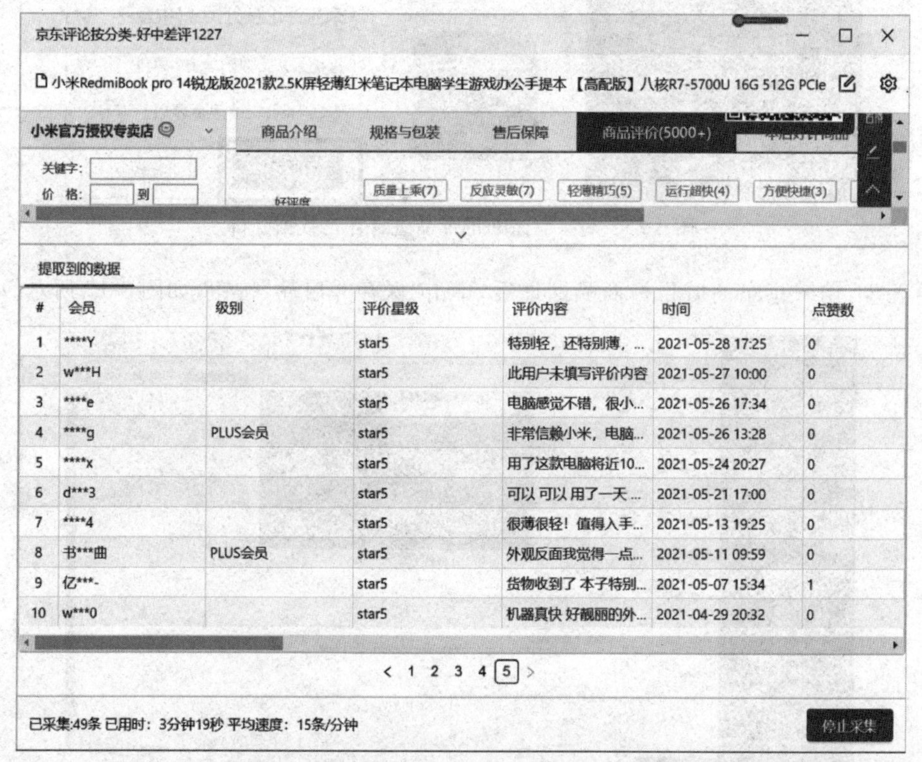


图 3-19　京东商城目标商品数据采集等待过程

第七步：等待一段时间后，完成采集，单击“导出数据”按钮，如图 3-20 所示。

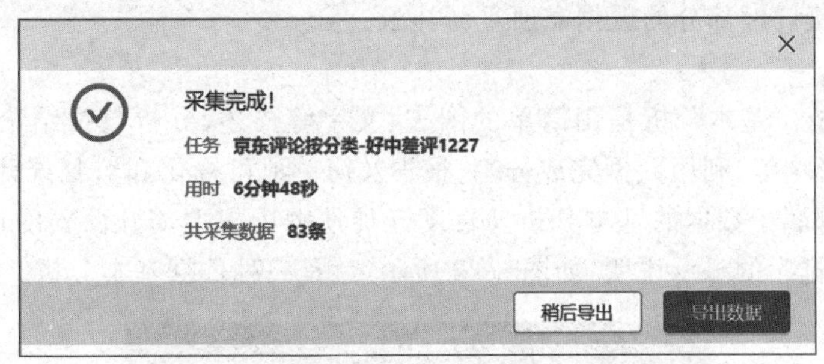


图 3-20　采集完成

第八步：导出文件的数据格式可选项如图 3-21 所示。

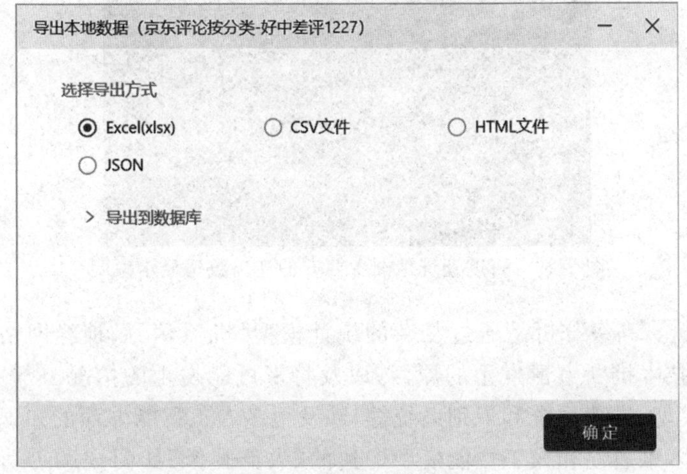


图 3-21　数据采集导出的数据格式所选项

第九步：保存数据文件至本地目标文件夹，如图 3-22 所示。

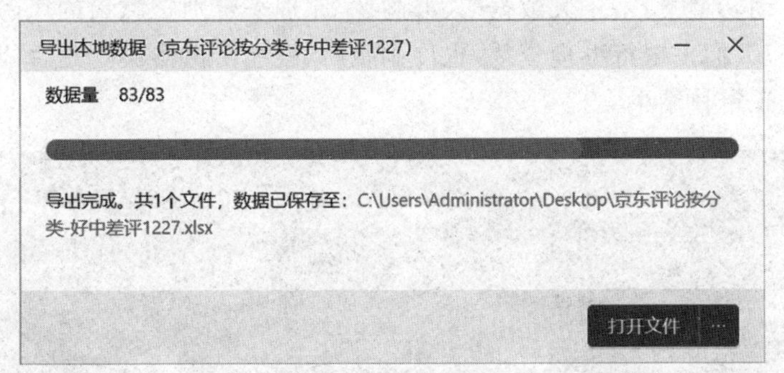


图 3-22　数据采集导出的数据保存到目标文件夹

2. 数据质量

如果想从大量的数据中提取有价值的结论，数据的质量至关重要。一方面须对数据进行规范管理，另一方面对“脏”数据进行“清洗”。数据清洗主要包括以下 4 个方面。

(1) 排除数据重复项。

(2) 不同数据主体之间进行数据共享的时候注意数据格式的转换。

(3) 数据关键内容校验。

(4) 缺少关键属性部分的数据需要重新补录。

3. 数据分析

(1) 基本分析。基本分析是用简单的图表、文字等描述、分析数据结论，主要说明发生了什么，有什么影响等；利用数据完成分割、报告及简单地可视化和监督统计。传统的BI报表、OLAP系统都属于数据的基本分析。百度迁徙地图中根据离开西安的迁出数据进行的文字说明和数字排序的显示说明，如图3-23所示，就是一种数据基本分析。

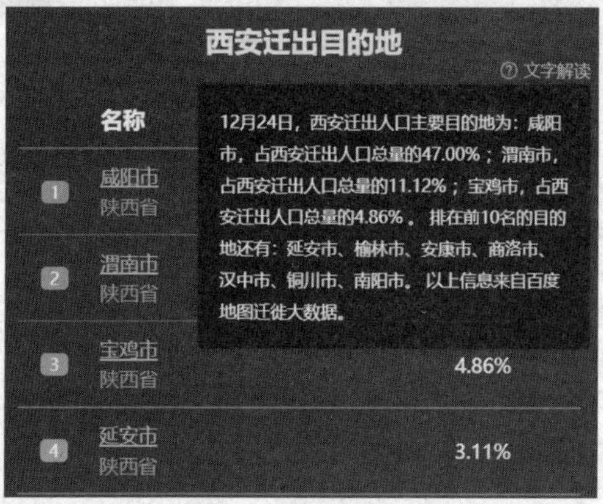

图3-23 百度迁徙地图中西安的迁出数据显示说明

(2) 高级分析。高级分析是通过复杂的统计模型、机器学习、神经网络、文本分析和其他高级数据挖掘技术推断事情发生的原因，以及将来可能发生的情况。常用的高级数据分析方法有：预测模型、推荐系统和识别系统等，涉及很多人工智能方面的知识。

利用数据的多维属性和人工智能模型构建的"人群画像"如图3-24所示。图3-24的结果可以用于商户的精准客户推荐，或者银行客户贷款发放等应用场景中。例如，每个人微信朋友圈里所看到的广告链接是完全不同的，就是基于"人群画像"的原理实施的精准营销。银行业在数字驱动转型下，基于大数据"人群画像"原理来辨别贷款人的风险，从而决定是否发放贷款。未来，人们去银行办理贷款，也许刷脸后，就能由机器决定是否能获得贷款，而无须等待漫长的人工审核结果。

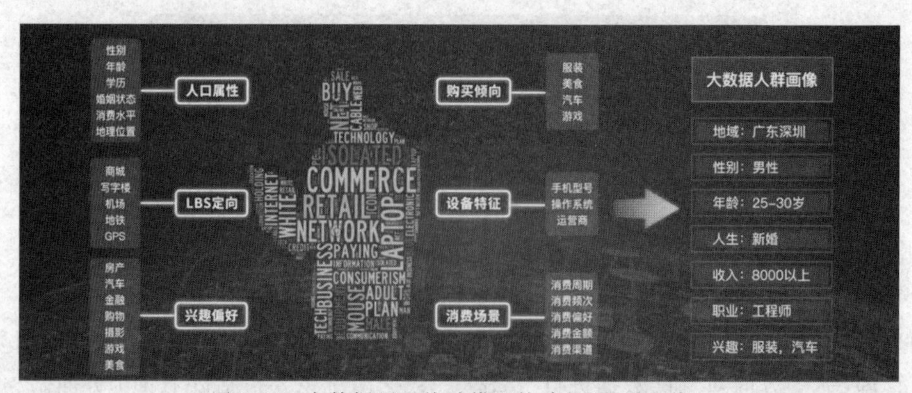


图3-24 大数据经过统计模型构建的"人群画像"

4. 数据可视化

数据可视化是将数据进行直观展示的一种形象化的方式和手段。越来越多的数据展示大屏都是数据可视化的硬件载体。数据可视化是指将大型数据集中的数据以图形或图像形式表示，并利用数据分析和开发工具发现其中未知信息的处理过程。

根据数据可视化的方法不同，数据可视化可以分为基于几何的技术、面向像素技术、基于图标的技术、基于层次的技术、基于图像的技术和分布式技术等。2015 年“天猫”双十一数据可视化大屏中一个较大的技术亮点，是绘制了北京的 3D 地图，如图 3-25 所示，飞线是一些真实的物流数据。该地图采用 ExtrudeGeometry＋EdgesGeometry 几何体绘制技术，这两个几何体在数量较大时，为防止浏览器崩溃采取了一些抽稀节点、把楼层低的直接拍平等优化手段；另外也准备了 6 台 MacBook 作为后备方案。

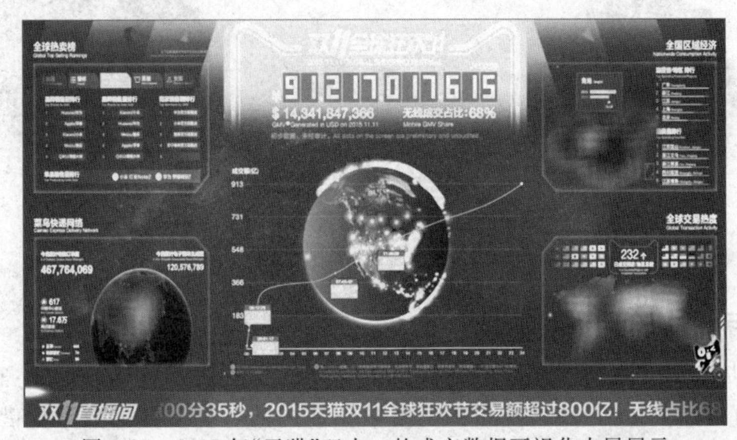


图 3-25　2015 年“天猫”双十一的成交数据可视化大屏展示

随着 AR、VR 的流行，DataV 和 AR、VR 再加上与大数据技术的结合，使得数据可视化的客户观感体验进一步增强。

# 学习任务三　大数据技术的应用场景

大数据已逐步渗透至生活的方方面面，让人们的生活更加智慧，包括金融、汽车、餐饮、电信、能源和娱乐等在内的社会各行各业都已经融入了大数据的痕迹，大数据的应用场景如图 3-26 所示。

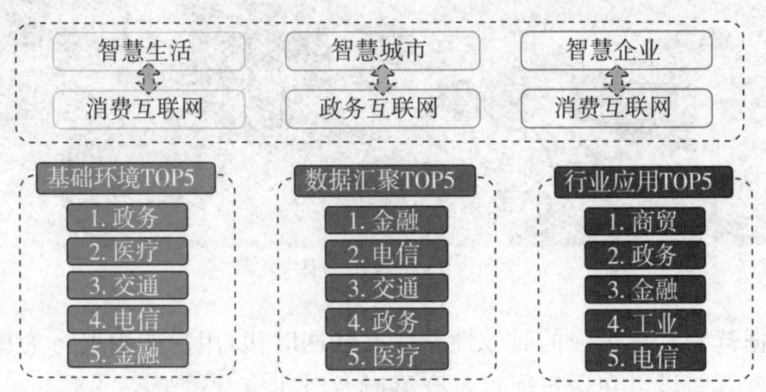


图 3-26　大数据的应用领域

## 一、探秘"购物篮"

当走进美国沃尔玛超市，人们可能会发现尿布与啤酒这两类本来不相关的商品却被摆放在同一货架上。这是因为美国的沃尔玛超市对积累的原始交易数据进行了大数据关联规则挖掘，得到一个意外发现：与尿布一起被购买最多的商品是啤酒。借助于大数据挖掘技术，沃尔玛超市发现了这个隐藏在背后的事实：美国的妇女们经常会嘱咐她们的丈夫下班以后要为孩子买尿布，而 30%～40%的丈夫在买完尿布之后又要顺便购买自己爱喝的啤酒。有了这个发现后，超市调整了货架的设置，把这两种感觉上并无关联的物品—尿布和啤酒，摆放在一起销售，从而大大增加了销售额，如图 3-27 所示。

图 3-27　关联规则挖掘

## 二、酒店新体验

酒店行业是能够有效利用大数据分析技术来改变企业运营方式的行业，它是一个数据丰富的领域，可以捕获包括音频、视频和网络数据在内的各种各样的数据。借助大数据，酒店可以精准地定位消费群体，从而进行更精确的客户营销，也可以借助大数据的反馈对酒店进行个性化装饰，以吸引不同层次的旅客入住，如图 3-28 所示。

图 3-28　酒店新体验

首先，大数据营销具有很强的时效性。在互联网时代，用户的消费行为极易在短时间内发生变化，大数据营销可以在用户需求最旺盛时及时实施营销策略。

酒店行业每时每刻都在产生大量的数据，包括酒店供货端的数据、酒店数据和消费者数据等，这些数据不仅体量大，还呈现异构、多样性等特点，另外，其中还蕴藏着大量有价值的信息，比如酒店供货端的数据包括了产品溯源信息，由此可以知道哪种货物的需求量大、哪些供货商的产品质量高、哪些供货商的信誉度有问题等。消费者大数据中还包括了消费者的出行数据，由此可以挖掘出消费者出行的频次、住宿宾馆的等级偏好、对房间类型的需求等，酒店可以根据消费者的不同需求，将客房划分为不同的类型，以便在一定程度上满足消费者的个性化需求，提高他们的消费体验。

## 三、大数据扶贫打造多彩贵州

贵州，简称“黔”或“贵”，地处中国西南地区，气候宜人，风景旖旎。这里山地多、平地少，是我国喀斯特地貌发育的典型区，自古就有“地无三尺平”一说。自然地理环境造成了贵州对外交通不畅，耕地稀少，水资源匮乏，经济文化落后等情况，因而延续了千百年来的绝对贫困。2020 年 11 月 23 日，贵州省宣布剩余的 9 个贫困县退出贫困县序列。至此，我国 832 个贫困县全部脱贫。

贵州近年来深入实施大数据战略行动，以大数据引领科技创新和政务服务创新，在转型追赶和高质量发展的过程中，不仅实现了贫困县的全部脱贫，而且经济社会各项事业发展步伐显著加快，取得历史性成就。

自 2016 年 2 月国家发展改革委、工业和信息化部以及中央网信办批复贵州建设全国首个国家大数据综合试验区以来，贵州成为大数据发展的先行者，承担着为国家实施大数据战略探索积累实践经验的责任。2019 年 5 月国家大数据(贵州)综合试验区展示中心在贵阳开馆(图 3-29)，从贵州大数据发展顶层设计与总体情况、大数据深度融合、大数据企业创新发展、国际合作等方面向全世界展示国家大数据(贵州)试验区所取得的创新经验和建设成效，让人们切实感受到以大数据、人工智能为代表的新一代信息技术给人民生活、国家治理、经济发展、社会进步带来的重大影响。2021 年 5 月 27 日，由贵州省大数据发展管理局指导、贵州省信息中心编撰的《国家大数据(贵州)综合试验区发展报告 2020》在 2021 数据博览会上发布。报告显示贵州省数字经济增速连续 6 年位居全国第一，重点介绍了七大试验成效和七个坚持的贵州特色，为全国的大数据发展贡献了贵州智慧。

图 3-29　国家大数据(贵州)综合试验区展示中心

如今的贵州，天堑变通途，大数据与金融、物流、旅游、教育、医疗等各行业融合发展，打破了原有时空格局。围绕大数据民用、商用、政用等领域，从小到社区智慧门禁，满帮贵阳物流数字港，大到贵州省政务数据“一云一网一平台”建设，大数据释放出的价值，加快推动了经济发展、社会治理、公共服务和城市运行等，贵州成为中国当下极具活力和潜力的省份。

# 学习任务四 “数”说天下 安全先行

大数据应用通过对海量数据的分析和挖掘，使数据转化为多种有价值的信息，进而为决策、发展等提供建议和帮助。数据已成为当今社会最具财富价值的宝藏。大数据技术的兴起改变了人们习以为常的工作、生活及思维方式，但一些问题也随之而来，大数据面临的主要风险有以下 5 个方面，如图 3-30 所示。

1. 未知的漏洞隐患

2. 安全边界变模糊

3. 网络攻击手段更新

4. 无处藏身的个人隐私

5. 数据挖掘与隐私保护

图 3-30 数据安全面临的风险

(1) 未知的漏洞隐患：大数据运用中的软件、硬件或者协议等方面很可能出现安全防护技术无法抵御的漏洞和隐患，数据面临的安全风险随之变高。

(2) 安全边界变模糊：大数据技术中采用底层复杂、开放的分布式存储和计算架构，使得大数据环境下安全边界变模糊，基于传统网络边界的安全防护技术不再适用。

(3) 网络攻击手段更新：伴随大数据技术的发展，衍生出一批新型高级的网络攻击手段。黑客最大限度地收集社交网络、邮件、微博、电子商务、电话和家庭住址等有用信息，攻击范围更加精准。比如高级可持续攻击（APT）代码藏匿于大量数据中，给安全分析制造了很大困难。

(4) 无处藏身的个人隐私：大数据场景中时时刻刻都在收集数据，并对数据进行专业且多样地处理，使用户很难确认个人隐私信息是否被合理收集、使用与清除，进而削弱了数据使用者其个人信息的自决权利。

(5) 数据挖掘与隐私保护：开放与共享的大数据资源与保护个人隐私存在天然的矛盾。追求数据价值最大化的同时，不可避免地存在个人信息的滥用。利用大数据技术进行深度关联分析与挖掘，也可能捕捉到潜在的个人隐私，从而导致隐私保护难度直线上升。

“数”说天下，安全先行，为了应对信息安全与隐私保护的严峻形势，我国在不同层面采取了有效措施。

首先是在国家法制层面进行管控，国家相关法律法规对信息安全和隐私保护进行了明确的规定。

其次是在企业端源头进行遏制，企业作为搜集、存储、使用、传播个人信息的主体，在遵循国家法律法规约束的同时，应该通过制度、技术等方式加强和完善对个人信息的保护，尽可能避免过度收集个人信息导致的信息不当使用和泄露，进而避免造成多方损失。

最后从个人层面来讲，应当提高个人安全意识。每个人都要有主动学习相关知识的意识，了解当前大数据时代可能会存在的有关个人隐私泄露风险，学会如何去保护自己的隐私信息不被泄露。同时，在日常生活中要注意保护密码等重要信息，不在社交平台上发布个人定位信息，不使用公共 WiFi 进行支付等。

## 学习自评

**一、填空题**

1. 具备四个 V 特征的才被冠名为大数据，即________、________、________和________。

2. 由 Google 公司研发的一种面向大规模数据处理的并行计算模型和方法是________。该方法其最大优点是利用了________，多任务________，迅速得到结果。

3. ________被称为网页蜘蛛，是一种按照一定的算法规则，自动抓取互联网信息的程序或者脚本的软件工具。

4. ________是指将大数据分析的结果以图形或图像的形式显示，并利用数据分析和开发工具发现其中未知信息的处理过程。

5. 国家大数据综合试验区坐落在________。

**二、选择题**

1. 新冠肺炎疫情期间使用的“行程卡”是一款基于(　　)的大数据产品。

A. 通信数据　　B. 交通数据　　C. 家庭成员数据　　D. 交易数据

2. 八爪鱼和火车头属于一款(　　)软件，能提供网页数据自动抓取服务。

A. 分析　　B. 采集　　C. 可视化　　D. 清洗

3. 沃尔玛超市进行的交易大数据分析后，会把尿布和啤酒放在一个货架上出售，以增加商品销售额。通过数据分析发现尿布和啤酒之间是(　　)关系。

A. 因果性　　B. 前后顺序性　　C. 关联性　　D. 没有

4. 数据质量是数据分析和数据治理的关键，为了提高大数据中的数据质量，往往采用(　　)的方式，来提升数据质量。

A. 压缩　　B. 聚合　　C. 分解　　D. 清洗

5. 在防疫过程中，以下(　　)措施与大数据技术没有关系。

A. 行程卡　　B. 判定时空伴随者　　C. 出行健康码　　D. 机器人自动消毒

**三、简答题**

1. 什么是大数据？

2. Map Reduce 的核心理念，以及大数据处理的基本步骤是什么？

3. 什么是大数据可视化？

**四、问答题**

请简述全球新冠肺炎疫情防疫中的一些中国创新数字方案。

# 学习情境四

# 扶摇直上九万里的云计算

## 情境导入

新冠肺炎疫情期间，人们出入公共场所，测体温、出示健康码成为一种常态。很多场所都配备了红外热成像设备自动监测公众体温，工作人员可以通过如图 4-1 所示的红外热成像屏幕，近距离无须停留地快速检测公众体温，从而精准筛选出体温异常的人员。这个司空见惯但又特别重要的体温测试和出示如图 4-2 所示的“健康码”应用的就是云计算技术。新冠肺炎疫情期间虽然停摆了很多公共聚集的社会活动，但催生了办公、医疗、教育等行业的在线服务，这些线上的服务场景追本溯源是各行业与云技术的结合。

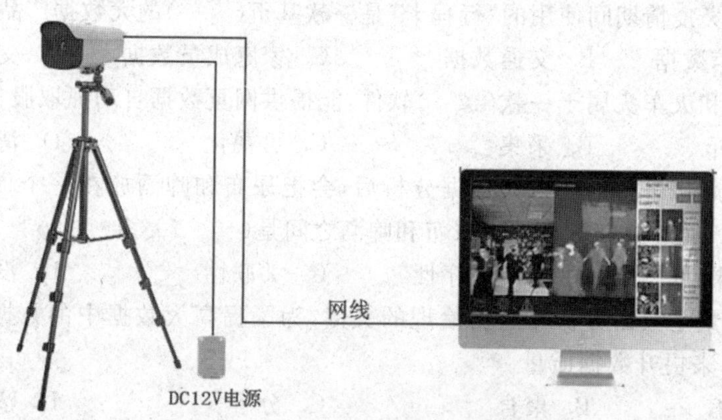


图 4-1　红外热成像自动检测体温

图 4-2　疫情期间出门必备“健康码”

## 情境解析

说起云计算(Cloud Computing),就要谈及中国电商的发展。2008年,国内互联网发展进入高潮期,中国电商借势崛起,淘宝、支付宝的用户飙升给当时阿里的服务器带来巨大的数据处理压力。传统集中式存储网络架构再也无法满足阿里的数据处理需求,进而需要一种具有强大弹性计算力的分布式的"虚拟云"网络架构来支持庞大的数据量运算。强大的阿里云计算是天猫、淘宝火爆"双十一"前台成交量背后的技术支撑。阿里云技术的成熟和一步步发展壮大也使得该公司的技术骨干成为新冠肺炎疫情期间开发健康码的技术团队。所以,借助于"云技术"的健康码最早诞生在阿里云不是偶然,而是"云技术"迭代发展后的必然。

云计算的概念及特征

## 学习目标

学习情境四包括三个学习任务,其知识(Knowledge)目标,思政(Political)案例以及创新(Innovation)目标和技能(Skill)如表4-1所示。

**表4-1　本章学习重点内容KPI+S**

| 序号 | 学习章节 | 学习重点内容KPI+S | | | |
|---|---|---|---|---|---|
| | | 知识目标 | 思政案例 | 创新目标 | 技能 |
| 1 | 云计算的发展历史及基本概念 | 从并行计算到云计算技术发展的五步走 | 中国科学家自主研发的云操作系统"飞天" | — | — |
| 2 | 云计算的分层及云服务的分类 | IaaS基础设施即服务<br>PaaS平台即服务<br>SaaS软件即服务 | — | — | — |
| 3 | 云计算的应用场景 | — | 抗击疫情中云计算大显身手 | "码"上生活——健康码 | 华为云查找设备 |

## 知识导图

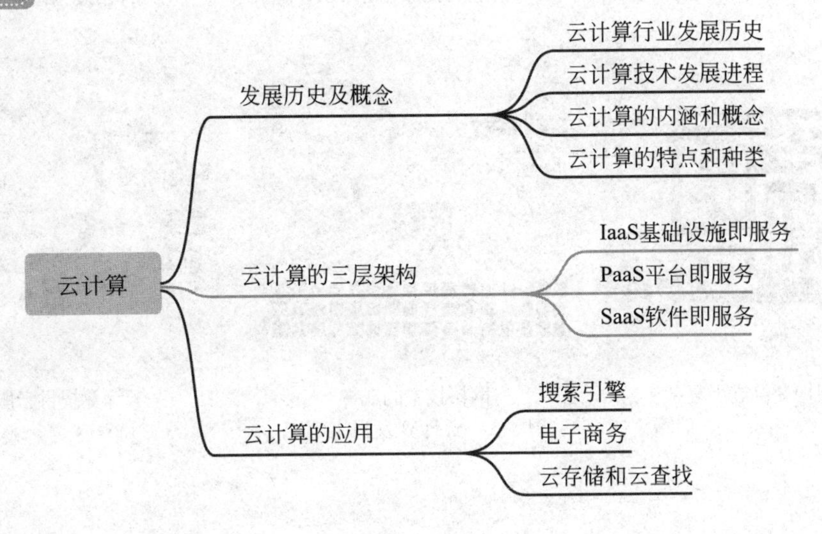

# 学习任务一　云计算的发展历史及概念

有着五千年悠久历史的中国，不仅有结绳计数，人们还发明了重要的计算工具算盘。随着第一台计算机ENIAC在美国宾夕法尼亚大学诞生，计算机使得人类生产力得到了前所未有的提升。随着计算机的发展，出现了网络技术，网络技术催生出庞大服务器的需求来解决日益庞大数据量的存储和计算的实际问题。但最终依靠提升服务器能力也无法解决现实需求时，就诞生了“云计算”，其发展历史如图4-3所示。

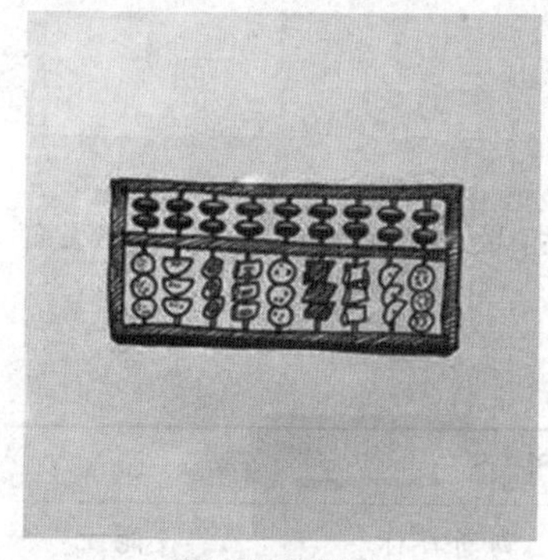
最开始用算盘

然后人们用计算机

再后来，有了因特网

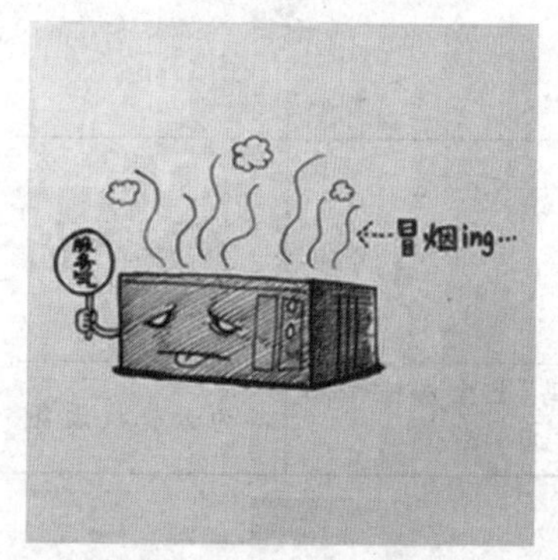

上网冲浪的人越来越多

用服务器解决问题

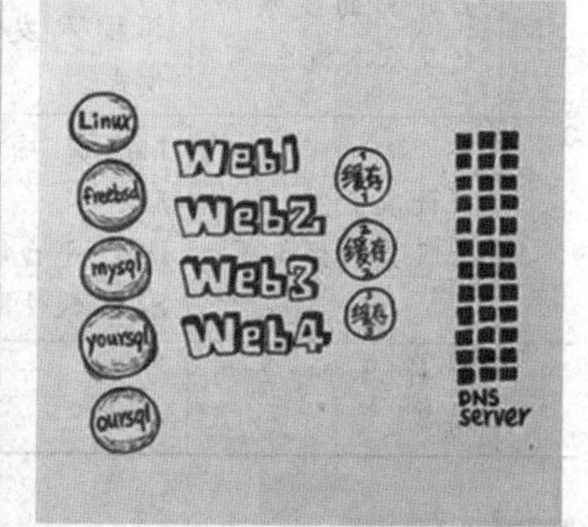

互联网数据中心IDC

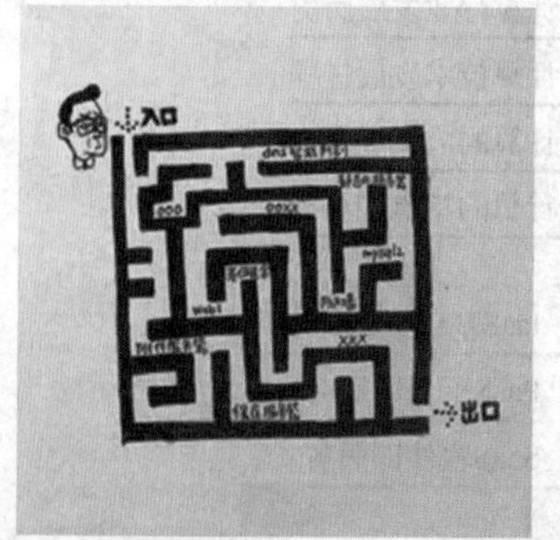

网络架构变得过于复杂

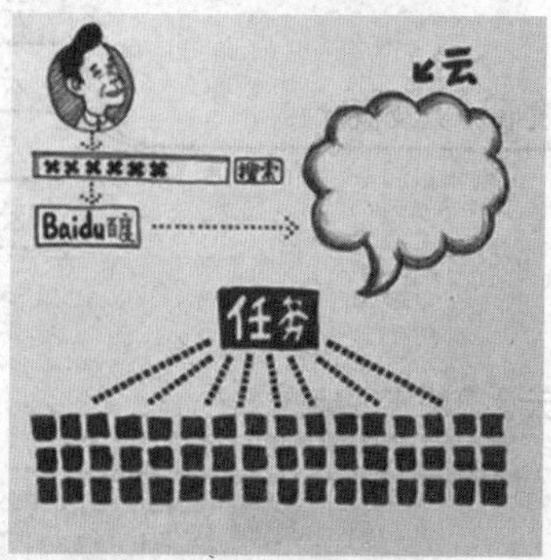

网格技术的成熟

云计算提供云服务

图4-3　云计算发展九宫格

## 一、云计算的行业发展

2006 年,亚马逊 CEO 贝索斯在 EmTech 上发表了关于云存储和云计算的概念演讲,并向世界宣布亚马逊将投资和创立云计算 AWS 的宏伟计划。

全球几十亿的客户每年"双十一"都会蜂拥访问阿里的电商平台,单日达到几十 PB 的访问量。在春运期间的 12306 平台也发生过类似的情况。几根网线,几个服务器远远不能满足如此庞大的访问量需求,这就需要一个超大容量、超高并发(同时访问)、超快速度、超强安全的"云计算"系统。2008 年 9 月王坚加入阿里巴巴集团,担任首席架构师,负责阿里云"飞天"项目。2009 年 9 月王坚创办阿里云计算有限公司,担任总裁,带领团队自主研发中国唯一的云操作系统——飞天。"飞天"云操作系统可以将遍布全球的百万级服务器连成一台超级计算机,以在线公共服务的方式为社会提供计算能力。2011 年 7 月阿里云开始大规模对外提供基于飞天的云计算服务。2015 年 1 月 15 日,12306 网站将车票查询业务放到阿里云计算平台上,阿里云顶尖程序员队伍入驻 12306。阿里云承担了 12306 系统中 75%的流量,以往春运抢票期间 12306 系统瘫痪的情况大为改观。

2015 年阿里云支撑"双十一"实现了 912 亿元的交易额,每秒交易创建峰值达 14 万笔。2015 年阿里云的年度财报披露其全年技术收入为 12.71 亿元。到 2021 年"双十一",阿里总交易额达到 5403 亿元,每秒交易创建峰值近 60 万笔。作为中国率先发展云技术的阿里云,2021 年仅一季度的营业收入达到 200 亿元,其成长异常迅速。除了阿里云,国内一系列以云服务为主要经营业务的公司也如雨后春笋般地出现,如图 4-4 所示,知名的有百度云、阿里云、腾讯云和金山云等。

图 4-4 知名的云计算公司

## 二、云计算技术的发展

### 1. 并行计算

相对于串行计算,并行计算是一种一次可执行多个指令的算法,目的是提高计算速度,通过扩大问题求解规模,解决大型而复杂的计算问题。

### 2. 分布式计算

分布式计算是一种和集中式计算相对的计算方法。分布式计算将应用分解成许多小的部分,分配给多台计算机进行处理。这样可以节约整体计算时间,大大提高计算效率。

### 3. 网格计算

网格计算是一种分布式计算。本质在于以有效且优化的方式来利用组织中各种异构松耦合资源,实现复杂的工作负载管理和信息虚拟化功能。

### 4. 效用计算

效用计算是一种提供服务的模型,在这个模型里,服务提供商提供客户需要的计算资源和基础设施管理,并根据应用所占用的资源情况进行计费,而不是仅按照速率进行收费。

5. 云计算

云计算是将计算分布在大量的分布式计算机上，用户能将资源切换到需要的应用上，用户按需访问计算机和存储系统，用户按使用量付费的商用模式。

并行计算、分布式计算、网格计算、效用计算以及云计算的关系如图4-5所示。

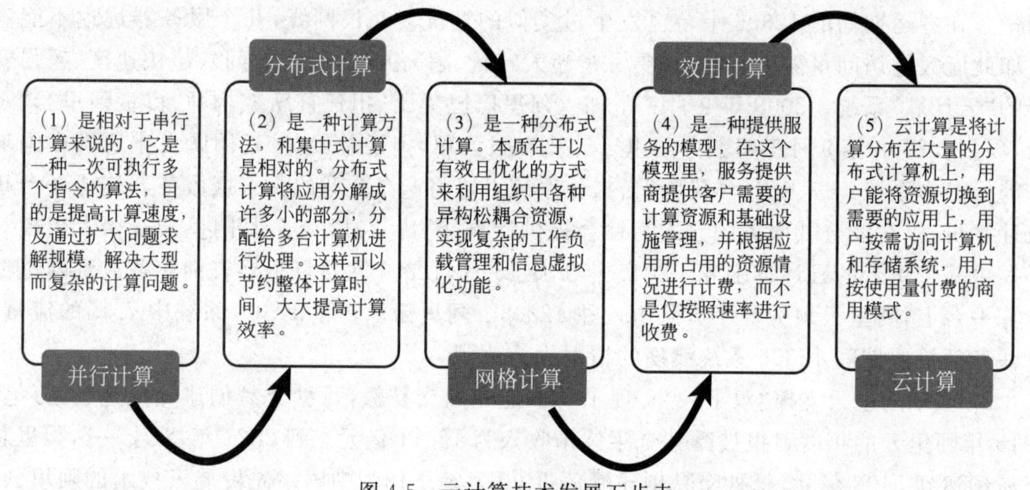


图4-5 云计算技术发展五步走

## 三、云计算的概念及重要特点

云计算的核心思想是将大量网络连接的计算资源统一管理和调度，构成一个计算资源池向用户提供按需付费的服务。云计算的技术理念是通过不断提高“云”端的处理能力，进而减少用户终端的处理负担，最终使得用户终端成为一个单纯的输入输出设备，并能按需享受“云”的强大计算处理能力。

关于云计算的定义有很多种，维基百科给出的定义是：云计算将IT相关的能力以服务的方式提供给用户，允许用户在没有相关知识以及设备操作能力的情况下，通过Internet获取需要的服务。另一个被广为接受的定义是：云计算是一种按使用量付费的模式，这种模式提供可用的、便捷的、按需的网络访问，进入可配置的计算资源共享池(池内资源包括网络、服务器、存储、应用软件和服务)，这些资源能够被快速提供、只需投入很少的管理工作，或与服务供应商进行很少的交互。云计算技术具备如下5个重要特征。

1. 虚拟化和提供高可靠性的服务

对于云计算，首先是要把硬件资源上到云端，实施云端的管理，即虚拟化，如图4-6所示。虚拟化使用软件的方法重新定义划分IT资源，可以实现IT资源的动态分配、灵活调度、跨域共享，提高IT资源利用率，使IT资源能够真正成为社会基础设施，服务于各行各业中灵活多变的应用需求。虚拟化是云计算的基础，简单来说，就是在一台物理服务器上运行多台“虚拟服务器”，也叫“虚拟机”(Virtual Machine)。从表面上看这些虚拟机都是独立的服务器，但实际上它们共享物理服务器的CPU、内存、硬件、网卡等资源。

云计算使用了数据多副本容错、计算节点同构可换等措施来保障服务的高可靠性，使得使用云计算要比使用本地计算机更可靠，如图4-6所示。

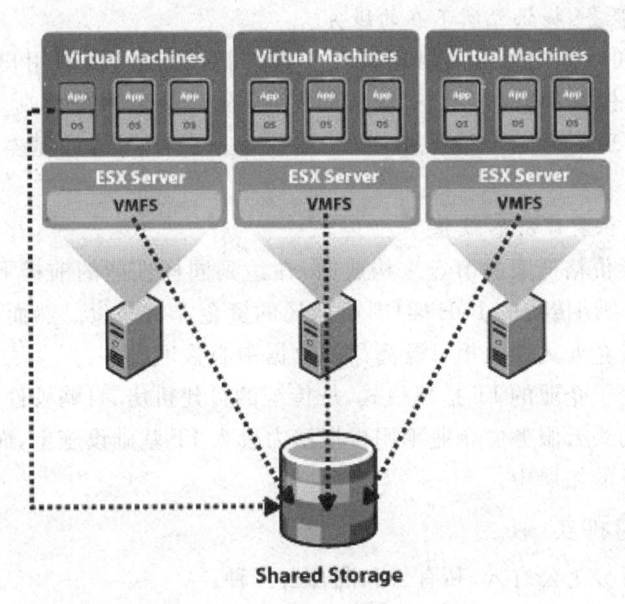


图 4-6　云计算中的虚拟化

2. 弹性伸缩提供高可扩展性的服务

每年中国的春运被称为“人类最大规模的迁徙”，春运期间 12306 的访问量要远远超出平时的网站访问量。要使得在高峰时能正常访问，而在平时访问量低的时候又不浪费资源，云计算的弹性伸缩所提供的高可扩展性服务可以满足此种需求。“云”的规模可以动态收缩，可以实现资源的动态配置，满足应用和用户的规模增长需求。在不需要的时候，资源能及时释放。

3. 按需自助服务，提供量化的服务

“云”是一个庞大的资源池，可以像水、电、煤气等公共产品那样随时随地可得，并根据用户的要求按需服务、按量收费，从而大大提高了计算资源的利用率和用户的工作效率(图 4-7)。

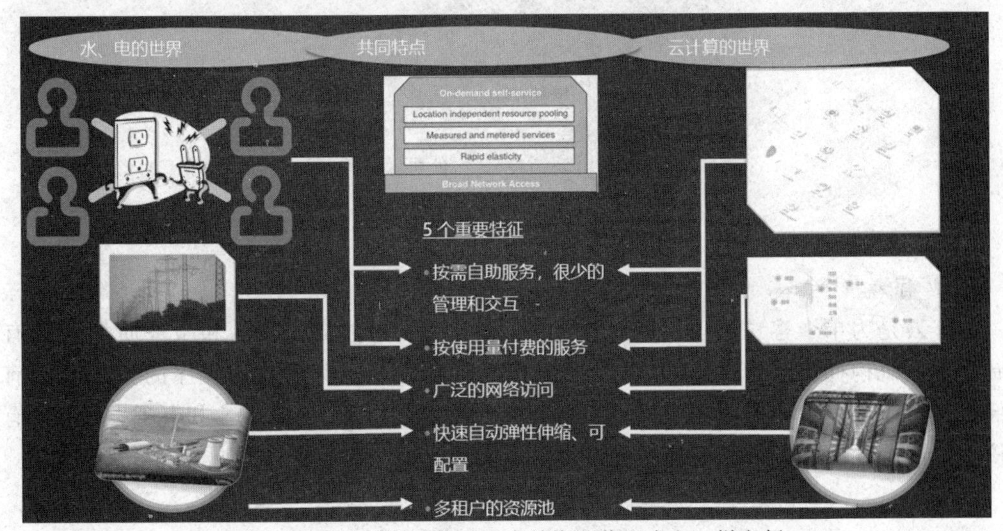


图 4-7　云计算让计算力和存储资源像用水电一样方便

4. 广泛的网络服务，提供无所不在的服务

云计算的组件和整体构架由网络连接在一起，同时通过网络向用户提供服务。用户在不同的终端，任意位置都能够轻松实现访问需求，从而使云服务无所不在。这就是“健康码”能通过手机实现随时随地数据访问，获取任何一位中国居民基本防疫数据的重要原因。

5. 价格低廉，提供更经济的服务

由于“云”采用了价格低廉的节点来构成云，在达到同样性能的前提下组建一个超级计算机服务器，如果是采用传统的IOE架构，所消耗的资金非常昂贵。然而，“云”的自动化集中式管理方式使大量企业无须负担日益高昂的数据中心管理成本。

云计算彻底改变了企业的IT搭建模式，从传统的自建机房、自购硬件和基础软件、自行运维的方式转变为购买云服务。企业不用再把精力投入IT基础设施上，而是可以把有限的资源用在其核心业务的拓展中。

## 四、云计算的种类

云计算按权属可分为公有云、私有云和混合云三种。

1. 公有云

公有云，通常指第三方提供商为用户提供的云服务。公有云一般可通过Internet使用，可能是免费或成本低廉的，公有云的核心属性是共享资源服务。公有云可在整个开放的公有网络中提供服务。国外的AWS亚马逊，国内的阿里云、百度云、腾讯云都属于公有云提供商。公有云架构如图4-8所示。

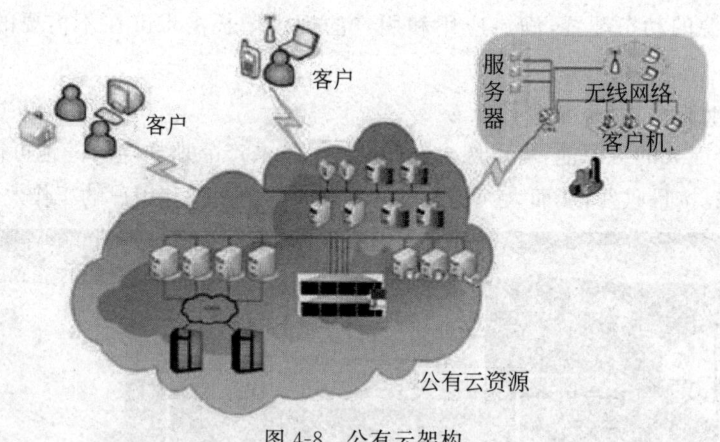


图4-8 公有云架构

2. 私有云

私有云是为单个客户单独使用而构建的，因而提供对数据安全性和服务质量的最有效控制。企业机构拥有基础设施，并可以控制在此基础设施上部署应用程序的方式。私有云可部署在企业数据中心的防火墙内，也可以将它们部署在一个安全的主机托管场所，私有云的核心属性是专有资源。私有云架构如图4-9所示。

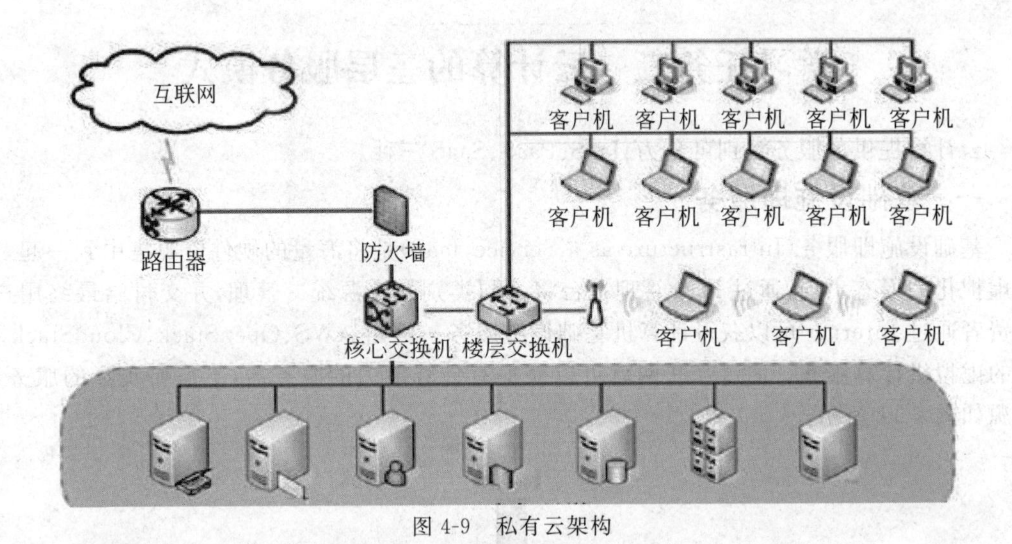

图 4-9　私有云架构

3. 混合云

将敏感的数据和非敏感应用分开部署是混合云一个典型的使用模式。混合云还有一个重要的应用领域是应对大规模异常突发行为。首先，核心的数据依然保存在私有云环境，包括数据的存储和事务的处理。某一时间段，数据中心的信息人员预判到即将迎来大规模的数据和流量的请求，即使调动私有云内所有的计算、存储资源也不能满足当前需求。这时可以请求公有云强大的资源池来协助完成，通过租用足够多的资源，集中处理需求高峰的数据请求。

借助混合云还可以实现海量数据的灾难备份转移。企业的数据中心出现问题，当前数据中心存储力量不能满足灾难转移的需求，集团内其他数据中心的存储能力尚不能进行有效的支援，这时就可以借助公有云来帮忙。利用公有云海量的存储空间和安全机制，将数据进行有效存储。接下来，调整企业内部的私有云的架构，或者建立更加健壮的数据中心，再将公有云的数据迁回，保证了紧急状态下的业务连续性，同时这种混合云并行运转模式也为企业节省了很多不必要的支出。混合云架构如图 4-10 所示。

图 4-10　混合云架构

公有云和私有云的优势都非常明显，混合云又将两者的优势放大。用户可根据实际应用需求选择合适的云计算类型。

# 学习任务二　云计算的三层服务模式

云计算提供的服务类别可分为:IaaS、PaaS、SaaS 三种。

## 一、基础设施即服务

基础设施即服务(Infrastructure as a Service,IaaS)是将海量的硬件资源集中到一起,并以虚拟化的形态出现,通过 IaaS 管理平台将不同类别的资源统一管理,并交付给最终用户。消费者通过 Internet 可以获得计算机基础设施服务。例如 AWS、OpenStack、CloudStack 提供的虚拟机计算服务。通过互联网就可以获得有计算能力的服务器,不需要实际的服务器资源如图 4-11 所示。

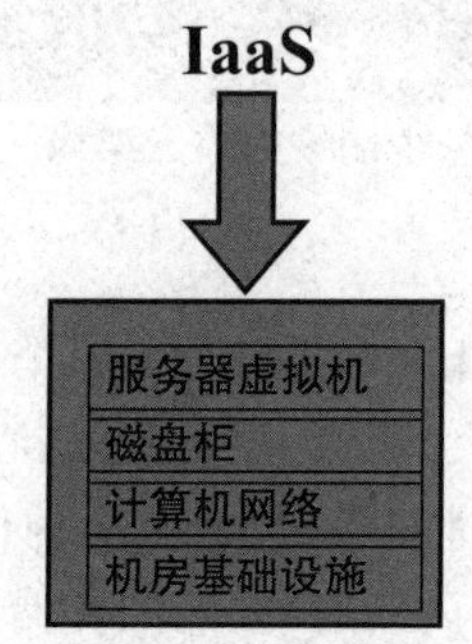


图 4-11　IaaS 所能提供的服务

## 二、平台即服务

平台即服务(Platform as a Service,PaaS)是一套工具服务,可以为编码和部署应用程序提供快速、高效的服务。PaaS 向下使用云计算资源,向上对云服务的构建和部署提供服务器平台或开发环境。PaaS 被誉为未来互联网的“操作系统”,与 IaaS 相比,PaaS 对开发者来说将形成更强的业务黏性,因此 PaaS 着重于打造和构建形成紧密的产业形态,如图 4-12 所示。

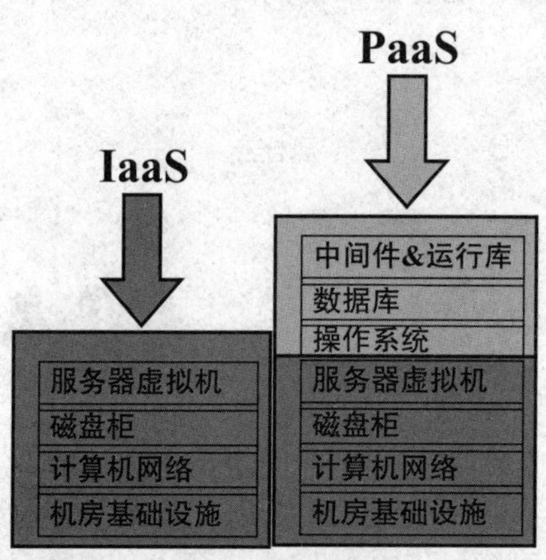


图 4-12　IaaS、PaaS 所能提供的服务

## 三、软件即服务

软件即服务(Software-as-a-Service,SaaS)是一种通过 Internet 提供软件服务的模式,厂商将应用软件统一部署在自己的服务器上,客户可以根据自己实际需求,通过互联网向厂商定购所需的应用软件服务,按订购的服务多少和时间长短向厂商支付费用,并通过互联网获得厂商提供的服务。用户不用再购买软件,而改用向提供商租用基于 Web 的软件,来管理企业经营活动,且无须对软件进行维护,服务提供商会全权管理和维护软件,软件厂商在向客户提供互联网应用的同时,也提供软件的离线操作和本地数据存储,让用户随时随地都可以使用其订购的软件和服务,如图 4-13 所示。

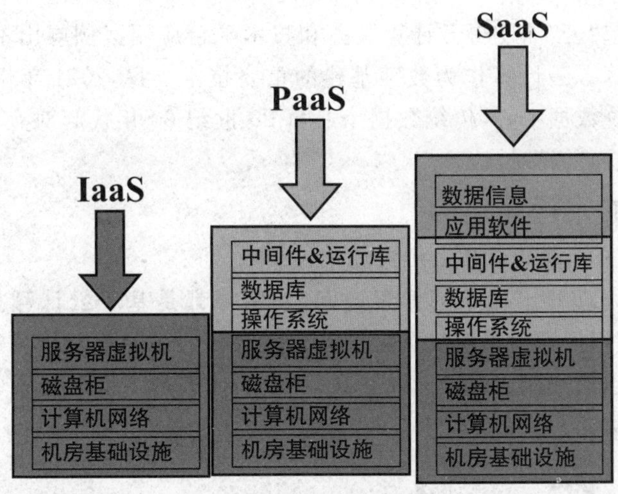


图 4-13 IaaS、PaaS 及 SaaS 所能提供的服务

SaaS 通过网络运行,为最终用户提供应用服务。如 ERP、办公服务、商业智能等具有特定能力的服务。SaaS 应用软件的价格通常为“全包”费用,囊括了通常的应用软件许可证费、软件维护费以及技术支持费,将其统一为每个用户的月度租用费。对于许多小型企业来说,SaaS 是采用先进技术的最好途径,它消除了企业购买、构建、维护基础设施和应用程序的需要,但 SaaS 绝不仅适用于中小型企业,所有规模的企业都可以从 SaaS 服务中获利。

## 四、云计算服务商

根据云服务的模式,云计算的服务商也包含 IaaS 服务商、PaaS 服务商及 SaaS 服务商三类。

1. IaaS 服务商

IaaS 服务商是把基于虚拟化、存储技术及分布式计算所能实现的硬件资源及硬件相关的软件,包括计算资源、存储资源、CDN 以及负载均衡、安全服务等作为商品提供的商家。IaaS 服务商主要有国外的 AWS 亚马逊、IBM 微软,以及国内的阿里云、腾讯云、华为云、中国电信等。

2. PaaS 服务商

PaaS 服务商提供可伸缩的应用程序环境,能够灵活地开发任何类型的应用,不限于平台可用的框架。PaaS 让使用此类服务的开发人员不需要关注任何底层硬件资源和平台的基础架构。PaaS 服务商主要有国外的 AWS 亚马逊、IBM 微软,以及国内的阿里云、腾讯云、新浪云等。

3. SaaS服务商

SaaS服务商提供通用型应用软件服务，如客户关系管理CRM、协作软件服务、人力资源管理服务、ERP企业管理软件或者垂直类应用软件服务，如游戏软件、电商类等应用软件。对于使用此类服务的工作人员，不需要关注任何底层的软件或硬件资源，直接使用上层的软件服务即可。SaaS服务商主要有国外的Google谷歌、Oracle等，国内的用友、金蝶等。

# 学习任务三　云计算的应用

互联网界的风起“云”涌使得云计算服务和技术平台应用案例层出不穷，至今我们的生活已经离不开云计算。云计算作为数字基建的重要技术支撑，2021年伊始，存储在公共云上的数据量超过传统数据中心，传统数据中心自20世纪60年代起对企业数据的把持将被云打破，企业进入全面“云”时代。

## 一、生活中的云计算

1. 搜索引擎是云计算的最佳应用实践

生活中的云计算

搜索引擎每天处理几十亿条的搜索访问，其底层都是基于云计算技术。一开始，人们使用搜索引擎仅仅是为了满足关键字的匹配搜索相关资源。现在人们越来越依赖搜索引擎。以谷歌、百度为代表的一系列搜索引擎如图4-14所示，改变了传统获取知识的方式。

图4-14　搜索引擎是云计算技术的应用实践

搜索引擎需要对用户输入的数据进行分析，在最短的时间里通过上亿次的计算把搜索结果呈现给用户。以国内的搜索引擎百度为例，百度每天接受来自全世界138个国家，数亿网民，每天近百亿次的访问，百度收集了一千多亿网页，数据量在2PB以上。如此大的访问量和数据依靠的正是强大的云计算平台。百度认为云计算平台是拥有成千上万的计算机资源，并对这些资源进行可视化，实时迁移，还具备备份、灾难性恢复等服务的功能平台。

2. 云计算是电商平台繁荣背后的推手

2008年，在阿里的IT架构中，淘宝和支付宝使用的绝大部分都是IBM小型机、Oracle

商业数据库以及 EMC 集中式存储的所谓 IOE 架构。但当用户量激增，数据越来越多，每天早上八点到九点半之间，服务器的处理器使用率都会飙升到 98%。可见，阻碍中国电商增长最迫切的阻力不是商场上的博弈、不是政策的变化，而是 IT 基础设施的瓶颈。用传统的增加 IT 基础设施的 IOE 架构已经无法满足电商发展的现实需求，而云计算技术是解决这个瓶颈的不二之选，这也就是中国最早的云技术——"飞天"诞生在阿里巴巴的原因。

3. 便捷的个人云存储服务

云计算服务商(腾讯云)提供的如图 4-15 所示的个人云存储服务，只需要一个账户和密码以及远低于移动硬盘的价格，就可以在任何有互联网的地方使用比移动硬盘更加快捷方便的云存储服务。随着云存储技术的发展，未来移动硬盘也将慢慢退出存储的历史舞台。

除此之外，越来越多的人使用云桌面进行远程办公，这也是云计算时代的一个典型应用。随着技术的不断发展，办公室的界限也将变得越来越模糊。总之，云计算会使人们的工作和生活越来越高效便捷。

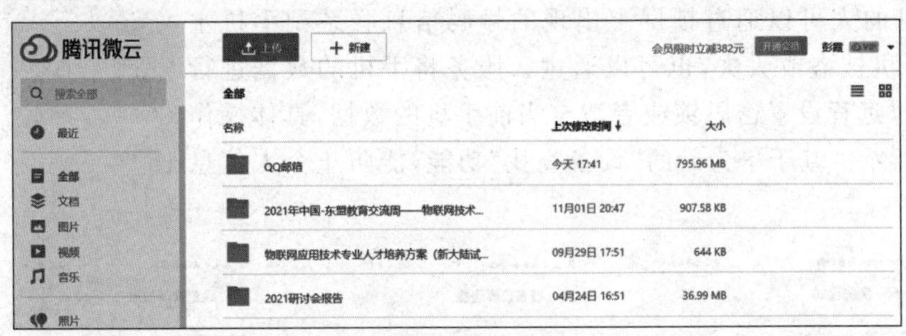


图 4-15　便捷的个人云存储服务

4. 基于云计算的实时电子导航地图

现在，在人们的日常出行中，经常会用到如图 4-16 所示的电子导航地图，这种导航定位

图 4-16　基于云计算的实时电子导航地图

技术应用了云计算的功能和服务。以前经常有路人拿着地图问路的情境不复存在。现在，只需要一部手机就可以拥有一张全世界的实时动态电子地图，这正是云计算技术和卫星导航带给人们的福利，让出行更加高效便捷。

5. 基于云计算的“设备查找”

现在很多品牌及型号的手机都具有在手机丢失的情况下，通过云服务找回手机的功能，以华为P30手机为例，通过图4-17所示的华为手机“实用工具”中的“查找设备”，可以查找丢失的手机。使用“查找设备”功能，须事先通过华为云(cloud. huawei. com)绑定自己的华为设备，如果该款手机丢失，可以用另一部手机或者是事先绑定好的联系人登录华为云查找到该手机。还能在手机丢失的情况下，通过华为云向手机锁屏界面发送联系号码及留言信息，让捡到手机的人可以通过锁屏上出现的号码信息联系到手机主人。如果手机被盗或丢失，也可以通过云服务将手机的数据进行备份，还可以远程设置密码锁或者清空当前手机的数据，具体操作如图4-18所示。基于华为云的“设备查找”功能，能防止个人信息的泄露！

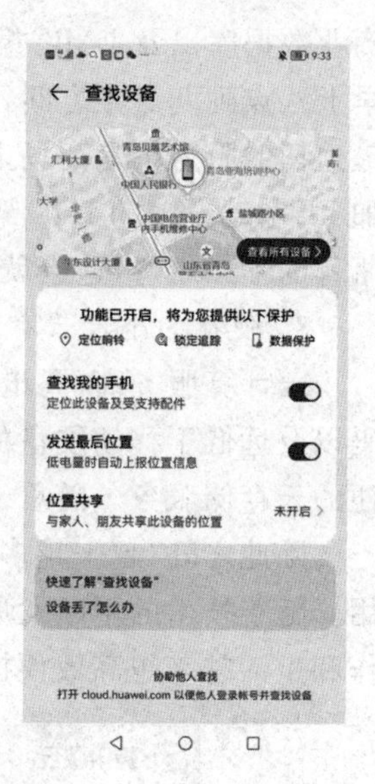


图4-17　华为手机中的查找设备

图4-18　基于华为云查找丢失的设备

## 二、云计算在抗击新冠肺炎疫情中大显身手

在本章情境导入中曾提及云技术在抗击新冠肺炎疫情中的出色表现，比如健康码以及红外体温自动检测等。因为新冠肺炎疫情而开展的停课不停学的居家学习模式、居家办公等模式都离不开云技术的强力支撑。一场新冠肺炎疫情，使得云服务技术支持下的减少人面对面接触的居家工作生活等的应用模式得到迅速发展。

2020年2月3日，阿里巴巴钉钉上，超过1000万家企业的2亿上班族在线开工。钉钉在阿里云上紧急扩容1万台云服务器来保障钉钉视频会议、群直播、协同办公等功能。钉钉的技术人员在 2 小时内完成新增部署超过 1 万台 ECS 云服务器，支撑起暴增的用户需求。这个数字也刷新了阿里云系统上快速扩容的新纪录。

习近平总书记强调，这次疫情是对我国治理体系和能力的一次大考，我们一定要总结经验、吸取教训。大考意味着挑战，也为优化治理体系、提升治理能力提供了重要契机。疫情终将过去，总结经验教训，下大力气、用实功夫，补齐短板、堵上漏洞，用数字技术助力治理现代化，推进政府管理和社会治理模式创新，促进民生保障和改善，让城市更智慧、让人民更幸福。

## 学习自评

**一、填空题**

1. 我国自主研发的云操作系统是________公司的________，因其技术的逐步成熟而成为该公司的第二发动机，成立了新的公司名为________。

2. 云计算的三层架构指的是________、________、________。

3. 云计算中的________特征是能够使该项技术像水、电一样被普及使用的关键。

4. 云计算中的________特征，可以实现计算机资源的动态配置，满足应用和用户的规模增长需求。在不需要的时候，资源能及时释放。

5. 在防疫过程中，出门必备神器——健康码的主要支撑技术为________等。

**二、选择题**

1. 云计算可以分为公有云、私有云和(　　)，将敏感的数据和非敏感应用分开部署，这是(　　)一个典型的使用模式。

A. 计算云　　B. 混合云　　C. 阿里云　　D. 电信云

2. 12306 铁路订票系统采用(　　)技术后，大大改善了其系统性能，避免在春运期间其暴增的巨大访问量。

A. 阿里云　　B. 腾讯云　　C. 百度云　　D. 金山云

3. 下列(　　)不属于云计算的应用。

A. 搜索引擎　　B. 电商平台　　C. 实时导航地图　　D. 智能推荐

4. 华为云中的(　　)功能，能实现远程向锁屏界面发送信息。

A. 查找设备　　B. 智慧管家　　C. 超级终端　　D. NFC

5. 在防疫过程中，以下(　　)措施与云计算没有关系。

A. 居家办公　　B. 停课不停学　　C. 出行健康码　　D. 机器人自动消毒

**三、简答题**

1. 云计算的技术发展经过了哪五个阶段？

2. 云计算的核心理念是什么？

3. 云计算如何改变企业的 IT 搭建模式？

**四、问答题**

请简述如何利用云技术查找丢失的数字设备。

# 学习情境五

## 未来已来　物联网技术

### 情境导入1

比尔·盖茨在其著作《未来之路》(图5-1)中，描述了一幅万物互联的神奇画卷。比如丢失的照相机能自动发回位置信息，以前听起来颇为新奇，但现在苹果手机里的Find My IPhone和华为手机里的“查找设备”已将此功能实现。《未来之路》不仅因为作者的名气使其大卖，更因为作者描述的信息技术给人们的日常生活带来的神奇变化而令人着迷。如今，书中的很多物联网(Internet of Things，IoT)技术都已经逐步普及，走进人们的日常生活。

图5-1　比尔·盖茨和其著作《未来之路》

越来越流行的物联网概念，其发展势头已经远远超过互联网，身边已有越来越多的物联网应用场景。例如，利用二代身份证可以取代纸质火车票直接乘坐高铁，就是应用了物联网自动识别技术中的RFID射频识别技术，与此类似的，还有公交卡和校园一卡通，如图5-2所示。

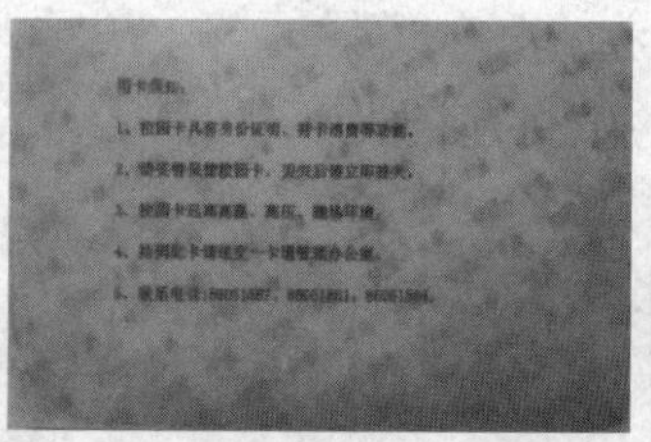

图5-2　物联网自动识别技术的应用：二代身份证、乘车卡、校园一卡通

## 情境导入2

平时大大咧咧的王女士，每次出门总是担心家里的空调是不是没关、水阀是不是没拧紧、大门是否锁好(如图5-3所示)。最近，她了解到智能家居系统，在和工程师说明她的需求后，工程师在她的家中安装了全套的智能家居。此后，王女士再也不用担心上述情形，生活发生了质的改变。现在，王女士每次出门后，只要在手机上设置如图5-4所示的家居"离家模式"，家里的空调、水阀、燃气等都会自动关闭，智能门锁和家里的视频监控系统联动进入安防模式，全方位保证家庭安全。此外，王女士不在家的时候也能给自己的宠物定点喂食，并实时全方位地了解宠物情况；还能通过智能门锁给突然造访的父母远程开门。

图5-3　没有安装智能家居之前离家后的担心

图5-4　安装智能家居后启用的"离家模式"

## 情境解析

物联网系统的典型架构如图5-5所示，分为以传感器设备为主的感知层，通信和协议为主的网络层及场景应用构建的应用层三层。万物互联的基础是所有的物体都能用同一种语言开口"说话"，按照约定的规则判断和处理联在同一网内的所有物体。物体可以开口说话需归功于传感器；越来越多的物体连入网络，网址不够用，继而IPv6代替IPv4成为下一代IP协议；若想使联网的每个物体都能通信且可控制就需要一个彼此约定好的协议，比如ZigBee、NB-IoT、LoRa等。

物联网的概念及发展

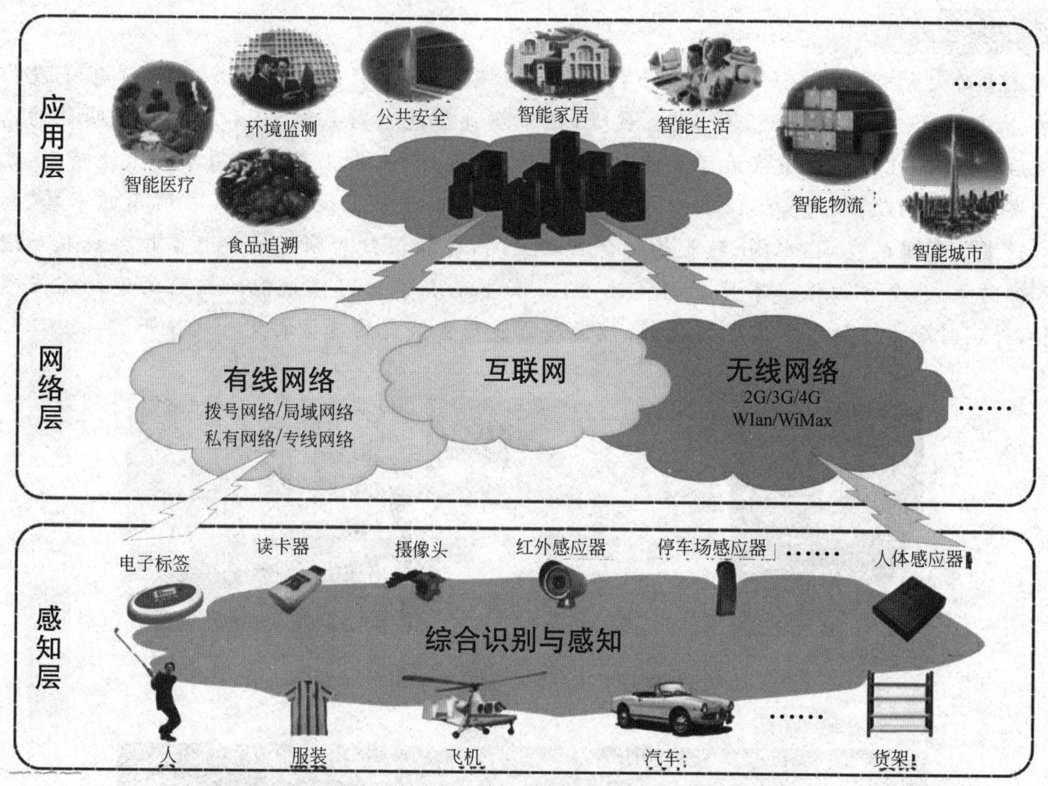


图 5-5　分为应用层、网络层和感知层的物联网体系

## 学习目标

学习情境五包括四个学习任务，其知识(Knowledge)目标、思政(Political)案例以及创新(Innovation)目标和技能(Skill)，如表 5-1 所示。

**表 5-1　本章学习重点内容 KPI+S**

| 序号 | 学习章节 | 学习重点内容 KPI+S | | | |
|---|---|---|---|---|---|
| | | 知识目标 | 思政案例 | 创新目标 | 技能 |
| 1 | 物联网的发展历史及基本概念 | 理解物联网概念及三层架构 | 2019 年政府工作报告 | 理解物联网的应用场景创新 | — |
| 2 | 感应万物——物联网之传感器 | 理解几种典型传感器的原理 | 北斗导航，中国拥有完全知识产权的全球导航系统 | 理解传感器的创新应用场景 | — |
| 3 | 广联万物——物联网之网络层 | 理解物联网网络层几种无线组网的典型方法 | 了解华为 5G 的世界领先和中美高科技博弈 | 了解国产科技自主创新 | 蓝牙组网 |
| 4 | 创意无限——物联网之应用层 | 理解物联网垂直应用行业 | 了解疫情防控中的物联网应用 | 创意物联网应用场景 | 智慧家居视频场景构建 |

知识导图

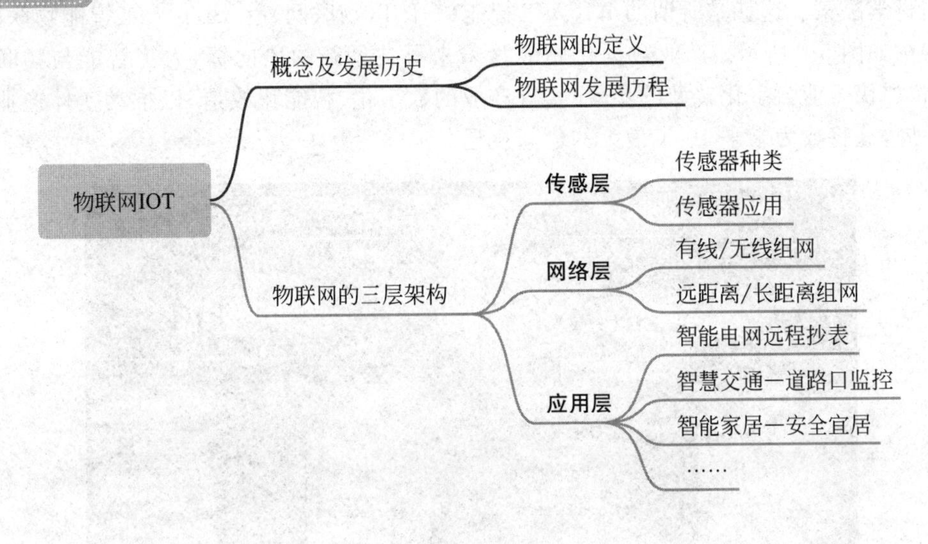


# 学习任务一 物联网的发展历史及基本概念

## 一、从互联网到物联网

关于物联网的定义有诸多不同表述，百度百科中解释为物联网是物物相连的互联网；谷歌执行董事长埃里克·斯密特预言道“互联网即将消失，取而代之的是一个高度个性化、强互动的物联网的世界即将到来”。广义的物联网是实现所有物体的全智能化识别和管理，从而实现全社会生态系统的智能化。人类在任何时间、任何地点都能实现与任何物体的连接。

物联网不仅仅是一张万物互联的传感网或者是万物互通的通信网，也不仅仅是硬件的拓展，更是一种由互联网发展为下一代高度个性化、强互动的新兴信息技术的物联网的思维方式的改变。

互联网与物联网的比较如表 5-2 所示。

**表 5-2 互联网与物联网的比较**

| 类别 | 互联网包括移动互联网 | 物 联 网 |
|---|---|---|
| 用途 | 人与人之间的信息通信及分享 | 人与人、人与物、物与物的沟通和自动化决策 |
| 协议 | WWW、HTTP、TCP/IP、FTP 等协议 | LoRa、ZigBee、NB-IoT、MQTT、CoAP 等协议 |
| 应用场景 | 电子商务、网络直播、社交网络、网络新闻 | 无人驾驶、智能家居、智慧城市、远程手术、远程教育 |

没有互联网的深度发展就没有今天万物互联的物联网。互联网是把计算机后面的人与人联系起来；而物联网是要把人类之间的交流和沟通扩展到物体与物体、人与物体的层面，所以物联网所涉及的范围要远远大于互联网。另外，物联网的发展依赖于互联网，物联网必须借助互联网的架构以及通信网的连接才得以实现，因为物联网的海量数据的存储及处理都必须依赖互联网中的大数据及云计算技术。

物联网不仅仅是将万物互联,更关键的是依靠互联网中的人工智能处理技术来对物联网实施科学决策。这就是所谓的 AI(人工智能)+IoT(物联网)=AIoT 人工智能物联网,其基本架构如图 5-6 所示。产业数据化已成为未来科技创新的风向标,人工智能与物联网的融合,将加快产业数字化转型的步伐,实现产业的数字化、智能化改造,以推动实体产业的高质量发展,这将成为未来 10 年最大的创新机遇。

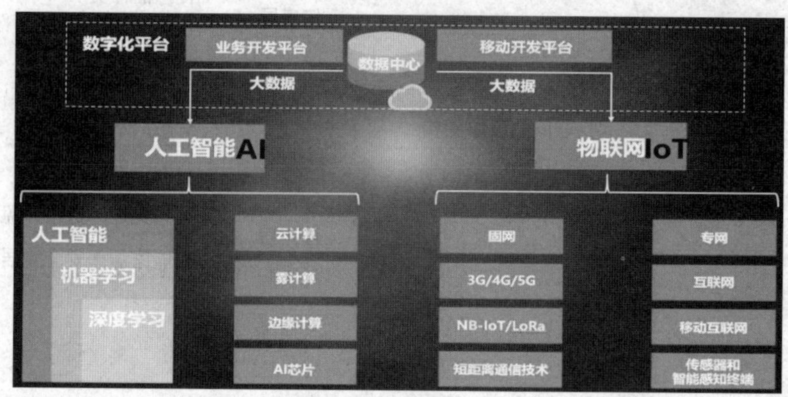


图 5-6 智能物联网 AIoT 的基本架构

共享单车、中国高铁、电子支付、网上购物一起成为中国的新四大发明。共享单车是一个典型的物联网应用,如图 5-7 所示。从用户手机扫码以解锁单车开始,就将用户(人)和单车(物)联系起来,通过物联网云平台端的控制收集数据(包括单车数据及用户数据)来向用户提供单车租赁的应用服务。在整个租赁过程中,物联网的云平台主导操控智能锁的开关,智能锁执行由云端下达的用户指令。物联网云端还可以实现许多扩展应用,例如互联网市场营销、电子围栏、单车预约服务等。

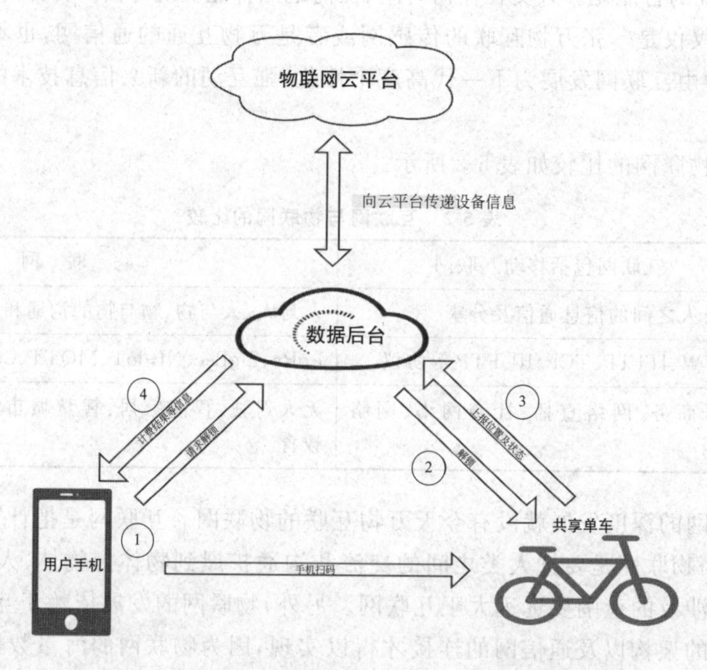


图 5-7 共享单车—物联网的基本应用案例

共享单车虽然盛极而衰，但更多的共享产品也在物联网技术、服务环境下不断酝酿和推广。2021 年 8 月 18 日，百度发布全新升级的自动驾驶出行服务平台如图 5-8 所示的“萝卜快跑”，推出共享无人汽车 Apollo。在新的智能产品运营、新的商业模式创新中，物与物之间，系统和系统之间的关联日益增多，彼此交互的数据量快速增加，相互之间服务的自动化、智能化程度都在迅速提高，社会对信息价值的重视，使得一个连接更加广泛、感知更加敏锐、计算更加聪慧的世界正在逐渐形成，而这个让生活更加便利的桥梁就是物联网。

图 5-8 百度共享无人驾驶汽车 Apollo 及其应用“萝卜快跑”已发布

## 二、物联网的起源与发展

物联网技术的发展从 1990 年美国卡内基梅隆大学里的一座联上网络的可乐机开始，到现在万物互联的智慧城市发展迅猛。物联网技术的发展历史如表 5-3 所示。

表 5-3 物联网技术的发展历史

| 时间 | 参与者 | 事件 |
| --- | --- | --- |
| 1990 年 | 卡内基梅隆大学的一群程序员 | 联上网络的可乐机 Networked Coke Machine |
| 1995 年 | 比尔·盖茨 | 《未来之路》著作中的物联网场景构想 |
| 1999 年 | 美国麻省理工学院建立了 Auto-ID 自动识别中心 | 提出万物皆可通过网络互联的物联网基本概念 |
| 2004 年 | 日本提出 U-Japan 计划 | 将日本建设成一个随时、随地、任何物体、任何人均可连接的泛在网络社会 |
| 2005 年 | 国际电信联盟(ITU) | 在突尼斯举行信息社会世界峰会《ITU 互联网报告 2005：物联网》，做出关于物联网应用前景预测 |
| 2008 年 | 彭明盛(IBM) | “智慧地球”要将物理基础设施和 IT 基础设施统一成智慧基础设施 |
| 2009 年 | 温家宝总理在无锡视察时提出“感知中国” | 物联网被正式列为国家五大新兴战略性产业之一，写入政府工作报告，物联网在中国受到了全社会极大的关注 |

续表

| 时间 | 参与者 | 事件 |
|---|---|---|
| 2013年 | 德国汉诺威工业博览会上正式推出工业4.0的概念 | 德国所谓的工业4.0是指物联信息系统CPS(Cyber—Physical System)将生产中的供应、制造、销售信息数据化、智慧化,最后达到快速、有效、个性化的产品供应,是利用信息化技术促进产业变革,也就是制造业智能化的时代 |
| 2015年 | 美国启动“智能城市”计划 | 通过物联网技术解决市政挑战并改善政府服务,投入超过1.6亿美元开展从联网车辆到应急响应技术的研究 |
| 2018年 | 中央经济工作会议在北京举行,物联网列入“新基建”,并写入2019年政府工作报告 | 把5G、人工智能、工业互联网、物联网定义为“新型基础设施建设”。随后“加强新一代信息基础设施建设”被列入2019年政府工作报告 |
| 2020年 | 欧洲“地平线2020”计划 | 投入2亿欧元,建设物联网平台和面向智慧城市、车联网、智能可穿戴设备、智慧农业和智慧养老五大领域的示范应用 |

## 三、物联网的概念

从技术的角度来讲,物联网是指通过射频识别(RFID)、红外感应器、导航定位系统、激光扫描器等传感设备,在约定协议下把任何物体都能组网互联结合起来,进行通信和信息交换以实现自动识别、定位、跟踪、监控和智能化管理的一种比互联网更加庞大,应用更广泛的网络。下面从物联网全面感知、可靠传输和智能处理这三个特征来解释物联网的概念。

### 1. 全面感知——自动识别的物联网网络层传感层

物联网中首先需要传感器技术,常用的传感器有:射频识别RFID用于物体的身份识别;红外感应器可用来测定是否有能发射红外线的物体进入特定区域;导航定位系统装置能用于获得物体位置信息;激光扫描器则用于物体本身相关信息的输入。也就是说一般的物品利用传感技术之后就好比配备上了“眼、耳、口、鼻”,能感受并传递信息。

### 2. 可靠传输——互联万物的物联网网络层

在传感器的帮助下,有了物联网中可以开口说话的“物”,还需要一定的通信和网络技术才能把“物”联起来,这种网络就是互联网络和移动通信网络。当下逐步走入商用的5G技术,利用其超低时延,大带宽,特别是其海量连接设备的mMTC技术,能为物联网的场景应用的落地带来更多可能。

### 3. 智能处理——广泛应用的物联网应用层

有了开口说话的物体和传递感觉信息的“神经网络”,物联网中还需要一个据此做出智能判断和操控的“大脑”。物联网平台就是用来提供设备接入、设备管理、安全防护、规则引擎的配置,实现对万物互联的操控台。在这个平台上可以开发出各种创新应用,比如,将其应用在个人家居住宅中,称为智慧家居;将其应用在大一点的区域,如学校、医院、社区及城市,称为智慧校园、智慧医院、智慧社区和智慧城市;将其与产业相结合称为智慧物流、智慧农业和智慧制造业等。

# 学习任务二　感应万物——物联网之传感器

传感器技术不仅是物联网最基本的技术，传感器技术的研究与发展，已经成为推动国家乃至世界信息化产业进步的重要标志。传感器正向着智能化、微型化、集成化和多样化的方向发展，传感器种类越来越丰富，本节将介绍几种在物联网中应用较多的传感器。

## 一、自动识别技术

自动识别技术（Automatic Identification and Data Capture）就是应用一定的识别装置，通过被识别物品和识别装置之间的接近活动，自动地获取被识别物品的相关信息，并提供给后台的计算机处理系统来完成相关后续处理的一种技术。自动识别技术将计算机、光、电、通信和网络技术融为一体，与互联网、移动通信等技术相结合，实现了全球范围内物品的跟踪与信息的共享，从而给物体赋予智能，实现人与物体以及物体与物体之间的沟通和对话。

自动识别技术是物联网中非常重要的技术，该技术融合了物理世界和信息世界，是物联网区别于互联网与通信网最独特的部分。自动识别技术可以对任何物品进行标识和识别，并能将数据实时更新，是构造全球物品信息实时共享的重要组成部分，是物联网的基石。通俗地讲，自动识别技术就是能够让物品"开口说话"的一种技术，自动识别技术已经广泛应用在人们的日常生产和生活中，标识身份的二代身份证，以及进出校门、在校园食堂消费的校园卡，乘坐公共交通的乘车卡，高速公路上的 ETC 电子不停车收费系统里的卡片，还有在防疫期间进出公共场合必备的"健康码"，都使用了自动识别技术。几种典型的自动识别技术比较及其代表产品如表 5-4 所示。

表 5-4　几种典型的自动识别技术比较及其代表产品

| 技术类型 | 载 体 | 信息量 | 工作方式 | 读取距离 | 识别速度 |
| --- | --- | --- | --- | --- | --- |
| 条形码 | 物体表面 | 小 | 激光扫描 | 近距离 | 慢 |
| 图像识别 | 物体表面（纸） | 大 | 专门设备 | 近距离 | 慢 |
| 语音识别 | / | 大 | 专门设备 | 近距离 | 慢 |
| 生物识别 | / | 大 | 专门设备 | 接触读取 | 慢 |
| IC 卡 | EEPROM | 大 | 专门设备 | 接触读取 | 慢 |
| 射频识别（RFID） | EEPROM | 大 | 无线通信 | 远距离 | 很快 |

人脸识别与手机支付相结合，语音识别和语音输入相结合的应用场景在现代生活中越来越普遍，也让人们的生活越来越便利。相信随着技术的发展，未来将有越来越多可靠且便利的自动识别技术出现。

## 二、红外感应器

红外线（Infrared，IR）是频率介于微波与可见光之间的电磁波，如表 5-5 所示，是电磁波谱中频率为 0.3～400THz，对应真空中波长为 1mm～750nm 辐射的总称。它是频率比红光低的不可见光。按照频率不同又分为近红外、中间红外及远红外。任何温度超过绝对零度(－273℃)的物体都会向外发出电磁辐射，现代物理学称为热辐射也称为黑体辐射。人体温度产生的辐射在光谱中就属于红外线的范围。因而据此特点的红外线传感器常用于无接触温度测量，气体成分分析和无损探伤，在医学、军事、空间技术和环境工程等领域广泛应用。红外线传感器的原理及应用场景如表 5-6 及图 5-9 所示。

表 5-5　光线分类及红外线类型

| 不可见光线 | | | 可见光线 | 不可见光线 | | | | |
|---|---|---|---|---|---|---|---|---|
| γ射线 | X射线 | 紫外线 | 紫、蓝、青、绿、黄、橙、红 | 近红外 | 中间红外 | 远红外 | 微波 | 工业电波 |

表 5-6　红外线传感器的原理及应用场景

| 名　称 | 原　　理 | 应 用 场 景 |
|---|---|---|
| 红外线传感器 | 利用红外线进行数据传输和处理的一种传感器，红外线传感器灵敏度高，可以控制驱动装置的运行 | (1) 测量人体表面温度的热像图，发现温度异常<br>(2) 用于火焰、二氧化碳、甲烷探测<br>(3) 红外线感应开关用于自动门开合、水龙头、洁具、灯具、遥控器等<br>(4) 防盗报警<br>(5) 避障传感<br>(6) 距离传感 |

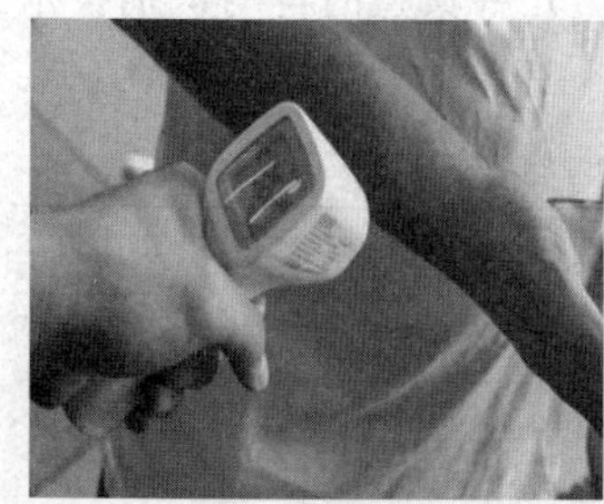

图 5-9　各式红外传感器的产品(体温测量器、感应水龙头、感应门)

## 三、卫星导航定位系统

卫星导航(Satellite navigation)是指采用导航卫星对地面、海洋、空中和空间用户进行导航定位的技术。常见的 GPS 导航、北斗星导航等均为卫星导航。卫星导航系统由导航卫星、地面台站和用户定位信号接收设备三个部分组成。

北斗导航

位置信息是物联网系统中的一个重要信息，从而使得定位技术成为物联网感知层中的核心技术。基于精准可靠的定位技术可实现导航、跟踪和测速等应用。卫星导航定位具有全方位、全天候、全时段、高精度的特点，在智能交通、智慧物流、应急抢险救援中发挥着重要作用。提供位置服务(LBS)的全球四大卫星导航系统如表 5-7 所示。

表 5-7　全球四大卫星导航系统

| 名称及标志 | 所有权 | 覆盖范围及现状 |
| --- | --- | --- |
| 全球卫星导航系统(GPS) | 美国 | 覆盖全球,美国诸多武器都配备了 GPS 全球导航系统,能够实施精准打击。开放的民用 GPS 系统精度远低于军用,但由于是最早的导航系统,拥有最多的导航接收设备,可以关闭部分区域导航 |
| 北斗卫星导航系统(BDS) | 中国 | 完全自主研发的卫星导航系统,是当下最先进、最稳定的全球导航系统。越来越多的接收设备接入北斗导航,越来越丰富的创新应用开发场景正不断培育 |
| 格洛纳斯卫星导航系统(GLONASS) | 俄罗斯 | 目前格洛纳斯卫星导航系统工作不稳定,在轨卫星只有 12 颗。格洛纳斯卫星导航系统用户设备发展缓慢、生产厂家少、设备体积大而笨重 |
| 伽利略卫星导航定位系统(Galileo) | 欧盟 | 2017 年,在全部在轨运行的 18 颗卫星上,共有 9 台原子钟出现故障并停止运行 |

## 四、视频监控摄像头

物联网的视频监控在日常安防中得到了越来越广泛的应用,无论是遍布大街小巷公安系统的“天网”,还是工厂、医院、商铺、家庭中的摄像头,都已经是司空见惯的实时显示、记录现场图像的物联网视频输入设备。

摄像头的工作原理大致为:景物通过镜头(LENS)生成的光学图像投射到图像传感器表面,接着转为电信号,经过 A/D(模数转换)转换后变为数字图像信号,再送到数字信号处理芯片(DSP)中加工处理,继而通过 I/O 接口传输到计算机中处理,通过 DISPLAY 看到图像。按照感光芯片的不同,可分为 CCD(电荷耦合器件)摄像机和 CMOS 摄像机。按照成像色彩,可分为彩色摄像机和黑白摄像机。按照信号类型,可分为模拟摄像机和数字摄像机。还可以按照清晰度、灵敏度等其他指标参数进行视频摄像机的分类。合适的摄像机选型由安装地点、环境光线、用户要求的监控模式和清晰度等因素决定,高空抛物视频监控系统中监控的选择原理如表 5-8 所示。

表 5-8 高空抛物视频监控系统

| 监控器名称 | 参数 | 视频摄像选型原理 | 应用场景 |
| --- | --- | --- | --- |
| 海康威视<br>400万像素<br>DS-2CD8A47E/PW-Z 摄像机 | 楼宽X<br>楼距D<br>视角A | 视场角 $A=2*\arctan\frac{x}{2D}$<br>$D$:楼距<br>$X$:楼宽 | 用于智慧社区高空抛物安防监控 |

北京大学高文院士牵头的“超高清视频多态基元编解码关键技术”项目获得2020年度国家技术发明奖一等奖，这是有关物联网视频监控方面的关键技术，在未来中国城市的智能监控方面会有更多应用。

## 五、其他一些典型传感器的介绍

传感器是一种将非电量(如速度、压力等物理量)的变化转变为电量变化的元件，根据转换的非电量不同可分为压力传感器、速度传感器、温度传感器等，是进行测量、控制仪器及设备的零部件。现代传感器在原理与结构上千差万别，不同的传感器有不同的功能，如何根据具体的测量目的、测量对象以及测量环境合理地选用传感器，是在进行某个量的测量时首先要解决的问题。

物联网三层架构

随着科技的进步，传感器技术也得到了迅猛发展，当下传感器正向着智能化、微型化、集成化和多样化的方向发展。传感器作为物联网感知层中的重要设备，其发展和芯片产业的发展高度相关，突破一批卡脖子核心关键技术也是传感器发展的关键，谋求传感器创新发展的自主化道路任重道远。几种典型的常用传感器如表5-9所示。

表 5-9 典型传感器介绍

| 传感器名称 | 原理 | 应用场景 |
| --- | --- | --- |
| 温湿度传感器 | 温湿度传感器是一种装有湿敏和热敏元件，能够用来测量温度和湿度的传感器装置 | 家居、农业大棚、畜牧业养殖、仓储等需要温湿度监控的地方 |
| 烟雾传感器 | 烟雾传感器又称烟雾报警器或烟感报警器，内部采用了光电感烟器件，能够探测火灾时产生的烟雾，内置蜂鸣器，报警后可发出强烈声响 | 广泛应用于商场、宾馆、商店、仓库、机房、住宅等场所进行火灾安全检测 |

续表

| 传感器名称 | 原　理 | 应用场景 |
| --- | --- | --- |
| 霍尔速度传感器 | 利用霍尔效应原理制成的霍尔速度传感器。当电流通过磁场中霍尔元件且电流方向与磁场方向垂直时，电荷在磁场力的作用下向一侧偏移，在垂直于电流与磁场的霍尔元件的横向侧面上即产生一个与电流和磁场成正比的霍尔电压 | 汽车或者其他设备中的有速度测量需求的场景应用中 |
| 压阻式压力传感器 | 力学传感器种类繁多，压阻式压力传感器应用最广。电阻应变片的电阻应变效应将被测件上的应变变化转换成为一种电信号的敏感器件，它是压阻式应变传感器的主要组成部分 | 压力传感器被应用于各行各业，尤其在工业上应用非常多 |
| 酒精气敏传感器 | 气敏传感器相当于人类的鼻子。酒精气敏传感器有半导体和电化学两种，半导体是酒精引起半导体电阻率下降，电化学是酒精氧化产生电流 | 用于交警测量判定酒驾的工具 |

# 学习任务三　广联万物——物联网之网络层

互联网中需要用网线或者 Wi-Fi 连接各台计算机在互联网协议下以组网互联，物联网中要将感应层中的万物组网以实施控制达成应用的目的，如图 5-10 所示。

物联网的组网方式同样有有线和无线两大类，无线组网技术不需要硬件布线，可以免除任何布线限制，因此非常适合物联网系统需求，具有广泛的适应性和广阔的市场前景。物联网中常见的组网方式如图 5-10 所示。

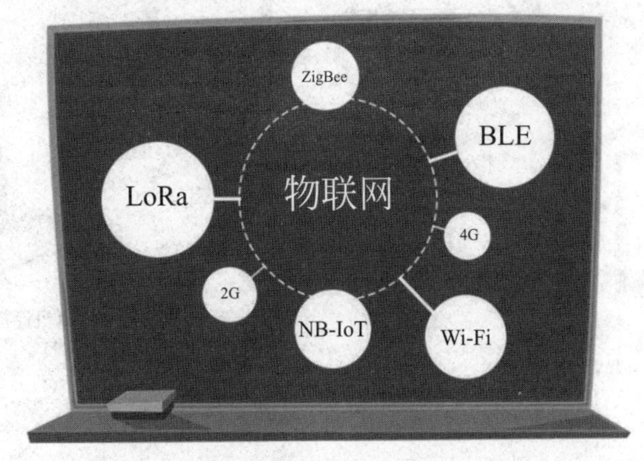


图 5-10　物联网中的常见组网方式

随着智能城市、大数据时代的来临，无线通信将实现万物连接。很多企业预计未来全球物联网连接数将达千亿级。目前已经出现了大量物与物的连接，这些连接大多通过蓝牙、Wi-Fi 等短距离通信技术实现。下面将介绍三种典型的短距离无线传输技术：Wi-Fi 技术、蓝牙技术(BLE)、ZigBee。

## 一、Wi-Fi 技术

现在，手机、计算机、电视机、摄像机和投影仪等常用电子设备都带有 Wi-Fi 接入功能。Wi-Fi 是生活中常用的短距离无线传输技术。我国城市已做到 Wi-Fi 信号全覆盖，只要有能够支持 Wi-Fi 的终端，即可十分方便地接入网络中。很多国家和地区都在积极推进 Wi-Fi 信号全覆盖计划，能否在公共场合提供 Wi-Fi 无线网络服务已经成为城市现代文明的标志，是城市基础设施建设的重要组成部分。

### 1. Wi-Fi 技术的定义及组网方式

Wi-Fi 是 WLAN(Wireless Local Area Networks，无线局域网)的一个商标，该商标仅仅保障使用该商标的商品之间可以互相合作。Wi-Fi 是 WLAN 的一个标准，属于 WLAN 协议中的 IEEE802.11 协议。目前 Wi-Fi 最常用的是 IEEE802.11n 标准。IEEE802.11 标准规定的发射功率不超过 100mW，实际发射功率在 60～70mW，相比电子终端设备的功率较低，例如手机的发射功率在 0.2～1W。另外，Wi-Fi 无线网络并不像手机那样直接接触人体，所以安全性值得信任。

Wi-Fi 系统根据无线接入点的不同功用划分成多种不同的组网方式，典型的基础架构组网模式如图 5-11 所示，除此之外，还有点对点模式、多接入点模式、无线网桥及无线中继器模式。

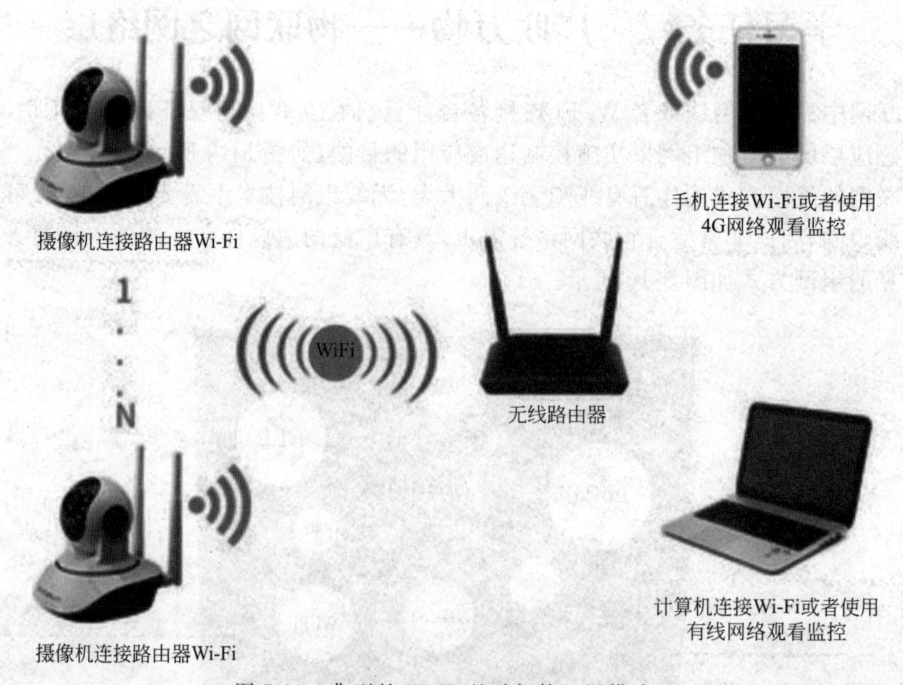


图 5-11 典型的 Wi-Fi 基础架构组网模式

2. Wi-Fi 技术的特点及安全

Wi-Fi 技术具备无线电波覆盖范围广、上网速度快且可靠的特点，尤其是无须布线的优势，使其成为拥有越来越多上网设备的家庭、移动办公及公共场合等接入互联网首选的组网方式。

Wi-Fi 技术在提供大量移动设备连接互联网，使人们拥有互联网无限资源的同时，网络安全也日益成为值得关注的问题。网络黑客、病毒、攻击等随时都有可能威胁 Wi-Fi 网络，可以通过网络加密和访问控制来保障 Wi-Fi 技术组网的安全性。网络加密是指只有能解密的正确接收者方可理解数据内容；访问控制是指唯有通过 Wi-Fi 授权用户才能访问网络数据。

## 二、蓝牙技术

1. 蓝牙技术的定义及发展

蓝牙(BlueTooth)是一种支持 10m 内短距离设备间的无线电通信技术，能在包括移动电话、PDA、无线耳机、笔记本电脑相关外设及可穿戴设备等众多电子设备之间进行无线信息交换。利用蓝牙技术，能够有效地简化移动终端设备之间的通信，也能够简化设备与因特网之间的通信，使得数据传输变得更加迅速高效，为无线组网、设备通信、场景开发应用拓宽道路，其基础组网架构如图 5-12 所示。

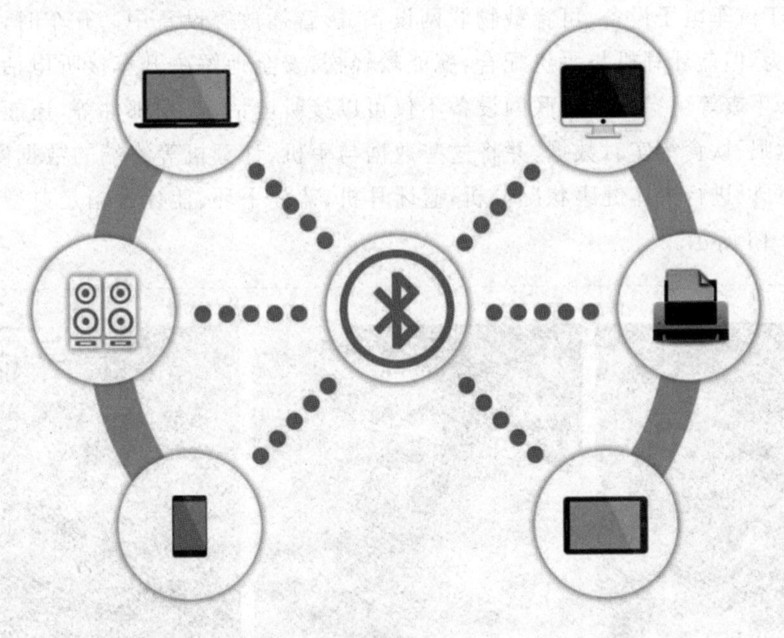

图 5-12　典型的点对点蓝牙基础架构组网模式

蓝牙技术最初由爱立信公司在 1994 年开始研发，1998 年爱立信公司携手诺基亚、苹果、三星组成的研究团队希望使正在研制的无线通信技术有一个统一标准。研究团队成员在研究欧洲历史之后和对未来无线技术前景的讨论中决定使用“蓝牙”这个名称。“蓝牙”是 10 世纪丹麦国王哈拉尔德(Harald Gormsson)的绰号。出身海盗的哈拉尔德统一了北欧四分五裂的国家，成为维京王国的国王。由于他喜欢吃蓝莓，牙齿常常被染成蓝色，因此获得"蓝牙"的绰号。当时，蓝莓因为颜色怪异被认为是不适合食用的东西，因此这位喜欢尝试新鲜事物的国王也成为创新与勇于尝试的象征。团队将此项能够在不同产业领域之间进行协调工作，保持各个领域之间良好交流的创新短距离无线传输技术起名为"蓝牙"。

2. 蓝牙技术的特点及应用

蓝牙技术提供低成本、近距离无线通信，构成固定与移动设备通信环境中的个人网络、使得近距离内各种移动电子设备摆脱电缆束缚，实现无缝资源共享。蓝牙技术的六大特征如下：

(1) 成本低；

(2) 功耗低；

(3) 异步数据和同步语音同时传输；

(4) 抗干扰能力强；

(5) 蓝牙模组体积小，可以很方便地嵌入各式电子产品中；

(6) 安全性有保障。

根据以上特征，在没有外接电源的小型物联网设备中，蓝牙技术具有显著优势。蓝牙使用的是调频技术和加密与认证双重技术，数据传输的安全性有保障。上述特征使得蓝牙技术广泛应用于汽车电子设备、可穿戴物联网设备、影音播放等设备中。开车时，接听手机是很危险的行为，但蓝牙耳机与手机配合，就能较轻松、安全地解决开车接听电话的烦恼。蓝牙手环、蓝牙手表等可穿戴式物联网设备不仅可以接听电话、收发邮件等，还能记录日常生活中锻炼、睡眠、饮食等实时数据，并将这些数据与手机、计算机等终端的数据实现同步，利用这些数据可以进行人体健康状况分析，蓝牙耳机、蓝牙手环、蓝牙音箱是典型的蓝牙技术产品，如图 5-13 所示。

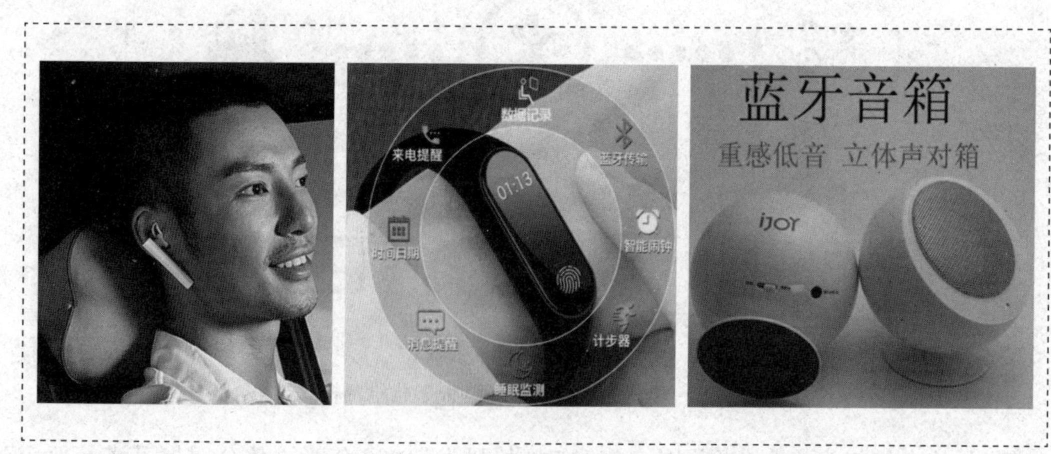


图 5-13 蓝牙技术产品（蓝牙耳机、蓝牙手环、蓝牙音箱）

3. 蓝牙的设置和设备配对

下面以手机(华为 P30)与音箱(IFKOO-Q10)之间的蓝牙通信为例，介绍蓝牙的设置和设备配对操作过程。

第一步：在手机界面中找到“设置”，并选择“设置”中的“蓝牙”选项，如图 5-14 所示。

图 5-14　打开手机的蓝牙设置

第二步：打开“蓝牙”选项，在“可用设备”处选中已开启蓝牙的音箱 IFKOO-Q10，选中配对复选框，点击“配对”，如图 5-15 所示。

图 5-15　手机与蓝牙音箱设备的配对

第三步：在连接的手机上，若可以看到接入的音箱的蓝牙名称，表示连接成功。

完成上述配对操作后，打开音箱和手机蓝牙就可以实现互连，无须再配对。

两部手机在没有无线通信网的状态下，也可以使用蓝牙进行短距离通信，比如华为 P30 与 vivo x20A 通过蓝牙进行文件传输，如图 5-16 所示。

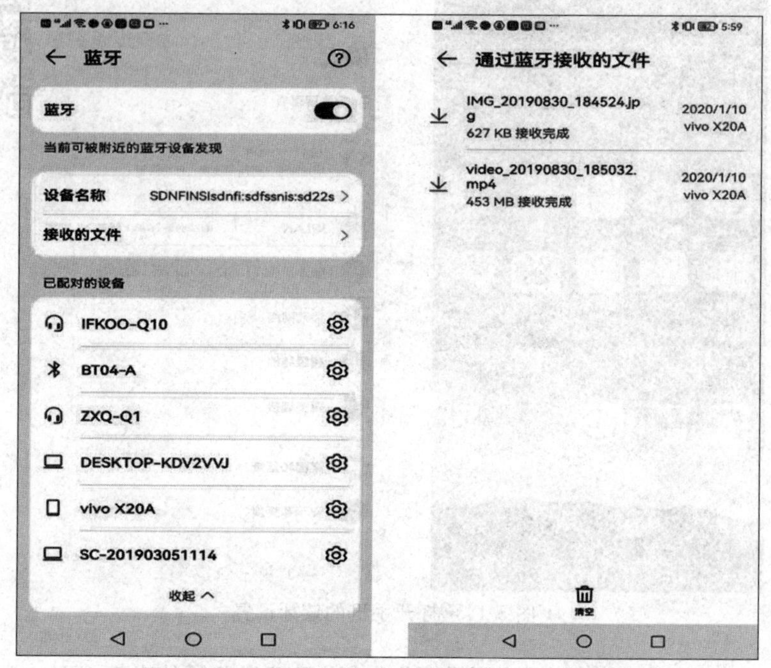

图 5-16　两部手机蓝牙配对后传送文件

## 三、ZigBee 技术

在蓝牙的使用过程中，技术人员发现蓝牙技术尽管优点众多，但依然存在组网规模较小，距离要求过近，技术复杂等缺陷。在工业自动化对无线数据通信的需求越来越强烈时，亟须一种更可靠，组网规模更大的低速率、短距离、低功耗的无线接入技术。ZigBee 技术正是在这样的需求中产生的，该技术主要针对低速率传感器，能满足小型化、低成本传感器设备（温度调节装置、照明控制器、环境检测传感器等）的无线联网需求，广泛地应用于工业、农业和日常生活的物联网应用场景中。

1. ZigBee 技术定义及特点

ZigBee 是一种短距离、低功耗的无线通信技术。ZigBee 这一名称来源于蜜蜂的八字舞，由于蜜蜂（bee）是靠飞翔和“嗡嗡”（zig）地抖动翅膀的“舞蹈”来与同伴传递花粉所在的方位信息，也就是说蜜蜂依靠这样的方式构成了群体中的通信网络。国内将 ZigBee 译成“紫蜂”，这种低速、短距离双向数据传输的无线上网协议底层采用 IEEE 802.15.4 标准规范。

ZigBee 技术致力于提供一种使用简便、可靠的无线传输技术，有低数据传输率、低功耗、高安全性、组网容量大、动态组网、自主路由、低成本等特点。

（1）数据传输速率低。无线传感网中一般不涉及语音和视频的实时数据量大的信号传输，绝大部分是温度、湿度、气体浓度、pH 值之类流量较小的简单物理量数据，因此较低的数据传输速率完全可以适应物联网感知层传感网组件的信号传输需求。

（2）功耗低。ZigBee 组件有较短的工作模式和长时间的休眠模式（耗电量仅为 1$\mu$W），技术上实现了极低的功耗，理论上一节电池可以使用 10 年以上，实际应用中一节电池可以使用2年左右，这种低功耗技术使其广泛应用在智能家居领域，包括智能门锁、红外转发器、温湿度等。

（3）安全性高。ZigBee技术底层采用CSMA-CA信息碰撞避免机制，这种技术在有数据传输需求时，传送的每个数据包都需要等待接收方的确认信息回复，否则会重新传送数据，这种机制大大提高了系统信息传输的可靠性。全球尚未发生破解ZigBee网络的情况，而Wi-Fi、蓝牙等无线传输技术的安全事故频发。

（4）组网容量大。理论上，一个ZigBee网络在其ZigBee网关组网下可以连接65 000多个设备，在目前的实际应用中已经可以组成超过100种传感设备的稳定网络，这样的网络规模已经远超Wi-Fi、蓝牙等技术，在将来也足以能够承担智能家居的组网需求。

（5）动态组网、自主路由。在低功耗的传感器网络中，组网元件会随着节点能量的耗尽以及其他一些变化造成的设备失效或者掉网情况的出现而动态变化。ZigBee网络的动态组网和自主路由特征完美地适应了上述动态变化。

（6）成本低。ZigBee模块的成本随着产品的成熟，价格越来越低，其中也有ZigBee协议是免专利费用的原因。产品价格的降低使得大规模传感器节点组网成为可能，也使得ZigBee技术的应用越来越广泛。ZigBee联盟预测未来几年内，每个家庭都将拥有50个ZigBee组件，预计持续发展到每个家庭拥有上百个ZigBee组件的智能家居生活常态化情况。

2. ZigBee技术组网方式

ZigBee技术有强大的组网能力，可以组成星形、树形和网状三种拓扑结构。

星形网络是最简单的ZigBee网络拓扑结构，包含一个协调点(co-ordinator)和若干终端(end-device)的ZigBee星形网络如图5-17所示。每一个终端节点只能和协调点进行通信，终端之间不能直接通信，必须通过协调点进行信息转发。

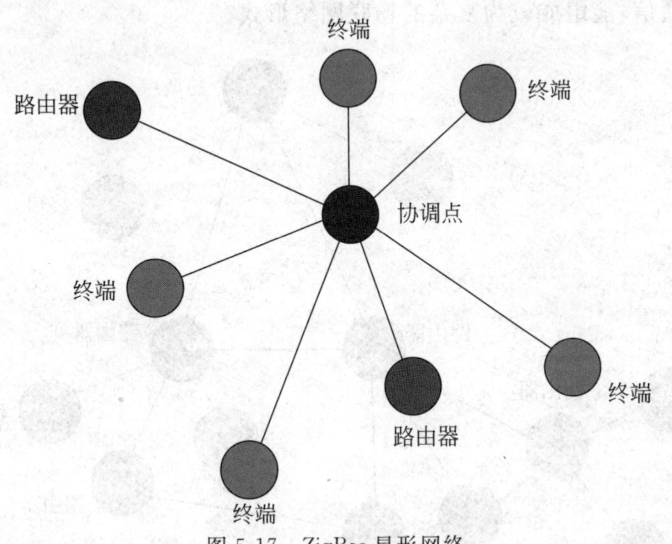


图5-17　ZigBee星形网络

星形网络的缺点在于节点之间的数据路由只有唯一的路径，协调节点的通信压力大，会成为整个网络的数据传输瓶颈。

当ZigBee终端组件越来越多，星形网络的数据传输瓶颈将越发明显，必须选用树形的层级网络，如图 5-18 所示。在路由器(router)的接力后，一层一层添加终端组件，扩展网络规模，但树形网络依然只有唯一的数据传输路径。如果希望有更灵活的信息路由选择，就必须选用网状拓扑结构。

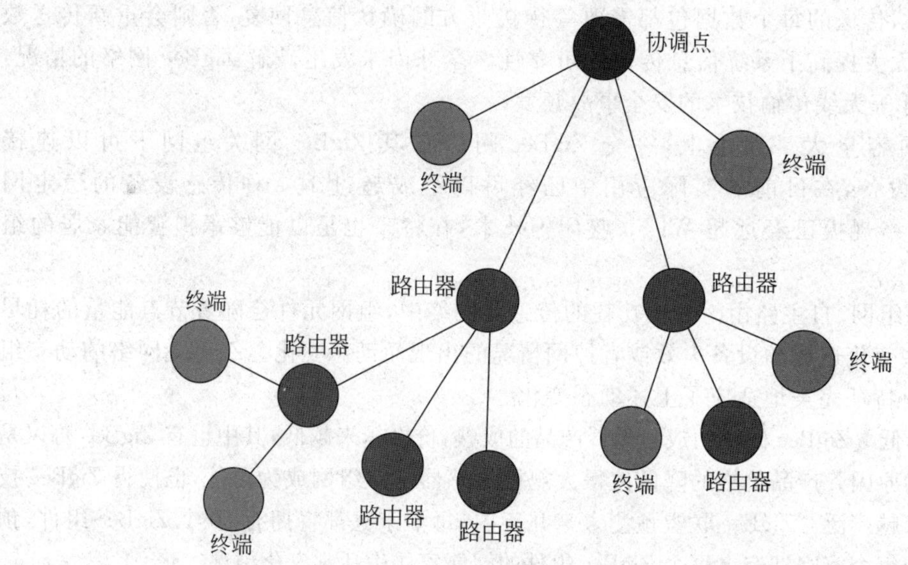


图 5-18　ZigBee 树形网络

ZigBee 的网络拓扑结构(图 5-19)与树形结构一样，ZigBee 网络拓扑结构包含一个协调点和若干路由节点和终端节点，但不同之处在于路由节点之间可以直接通信，这种变化使得信息的通信不再是单向唯一的路径。ZigBee 的网络拓扑结构具有路由探索功能，这一特性使得信息可以找到传输的最优路径。ZigBee 的网络拓扑结构功能强大，节点可以通过“多级跳”的方式进行通信，能组成较为复杂的物联网络形式。

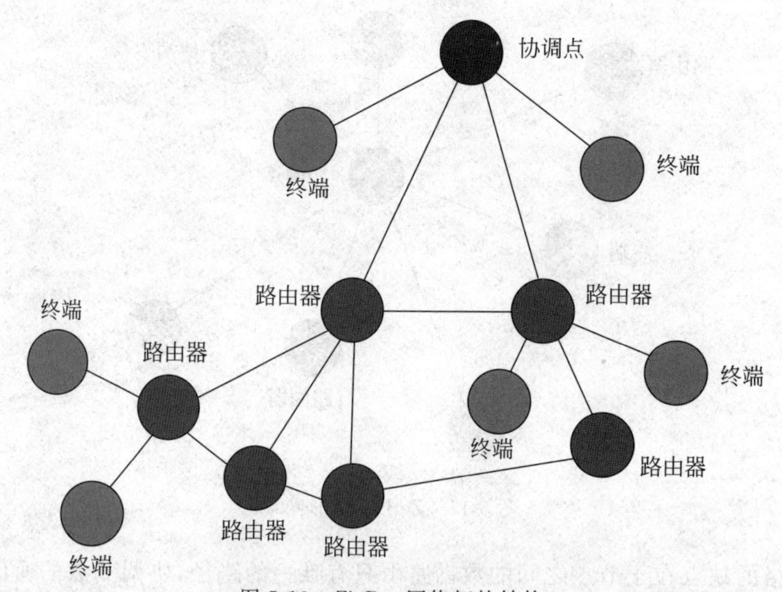


图 5-19　ZigBee 网络拓扑结构

3. ZigBee 技术应用场景

ZigBee 3.0 技术的应用场景包括家庭自动化照明、能源管理、智能家电、安全装置、传感器和医疗保健监控产品等，如图 5-20 所示。目前 ZigBee 技术更多应用在工业、能源、农业的无线通信系统以及豪宅别墅的智能化家居系统中。ZigBee 技术很适合作为智能家居系统级的应用，尤其是智能安防系统以及智能照明系统。微软创始人比尔·盖茨曾说“未来，没有智能家居系统的住宅，就像不能上网的住宅一样，不符合潮流。”中国有超过 14 多亿人口，4 亿多个家庭，智能家居有着无限广阔的发展前景。

图 5-20　ZigBee 技术的应用场景

智能家居设备一般都需要连接到智能平台，依靠平台来实现 APP 远程控制自动化以及设备之间的相互联动。但是，Zigbee 和蓝牙一样，是一种局域网通信技术，并不能直接连到互联网，需要网关帮助设备连接智能平台。小米米家智能多模网关的一款网关产品如图 5-21 所示。

图 5-21　小米米家智能多模网关及移动控制端

在图 5-21 中，ZigBee 网关对下负责把 ZigBee 设备添加进来；对上负责连接智能平台，这样就可以间接地的把 ZigBee 设备接入智能平台。在智能家居中，可以认为网关是一个大脑，各个子设备就是手足和五官。ZigBee 技术最大的劣势在于无法直接连接到互联网，必须通过一个网关进行转换。这也是 ZigBee 技术在个人消费品领域普及较慢的重要原因。

## 四、典型短距离无线传输技术的对比

典型短距离无线传输技术的对比如表 5-10 所示。

表 5-10 典型短距离无线传输技术的对比

| 技术、协议 | 指 标 | 应 用 | 优 点 | 缺 点 |
| --- | --- | --- | --- | --- |
| Wi-Fi<br>IEEE802.11b/a/g/h/ac | 工作频率：<br>2.4GHz/5.8 GHz<br>传输距离：100m<br>传输速率：11Mbit/s | 家庭及办公等场合的与互联网连接的网络协议 | 大幅度减少企业入网成本 | 设置复杂、功耗高 |
| BLE(蓝牙)<br>IEEE802.15.1/1a | 工作频率：2.4GHz<br>传输距离：10cm～10m<br>传输速率：1Mbit/s | 可穿戴的消费类电子设备、医疗、工控等 | 应用范围广泛，移植性好、功耗低 | 距离过短、安全性不高 |
| ZigBee<br>IEEE802.15.4 | 工作频率：<br>2.4GHz<br>传输距离：>75m<br>传输速率：25kbit/s | 传感器网络，一般作为物联网的感知层 | 功耗低、成本低、安全性高、组网灵活等 | 需要配置 ZigBee 网关(协调节点) |

根据表 5-10 所列出的典型短距离无线传输技术的对比，一般来说，确定物联网无线通信协议的选择原则有如下三点：

(1) 有插电的设备说明功耗较大，用 Wi-Fi 协议；

(2) 需要和手机交互的产品设计，用蓝牙协议；

(3) 传感器多的场景，用 ZigBee 协议。

按照上述原则，小米手环、华为 watch 等可穿戴设备使用蓝牙，绿米的智能家居传感器套件使用 ZigBee，海康威视等视频监控的摄像头使用 Wi-Fi。

## 五、物联网远距离通信技术介绍

物联网信号传输中远距离的通信方式有 2G、3G、4G、5G 等移动通信技术。其中，5G 不仅意味着更快的上传下载速度、炫酷的 VR 娱乐体验、城市物联、无人驾驶、远程医疗等，5G 时代还定义了三大场景：eMBB(Enhanced Mobile Broadband，增强型移动宽带)、URLLC(Ultra-reliable and Low Latency Communications，超可靠低时延通信)、mMTC(Massive Machine Type of Communication，海量机器类通信)，每个场景都应用于不同的领域。其中，mMTC 针对的是物联网，未来将有更多的设备通过 5G 实现设备联网和通信。5G 技术的普及将赋能物联网技术有更多创新的场景应用。

LoRa(Long Range Radio,远距离无线电)和NB-IoT(Narrow Band Internet of Things,窄带物联网)是物联网特有的远距离信号网络传输技术。LoRa解决了在同样的功耗条件下比其他无线电式传播的距离更远的技术问题,典型的应用场景如智能抄表、智慧农业等。在万物互联的时代,具备低成本、低功耗、广覆盖、低速率特点的LPWAN(Low-Power Wide-Area Network,低功率广域网络)技术将扮演重要角色。

NB-IoT技术支持低功耗设备在广域网的蜂窝数据连接是一种LPWAN技术。NB-IoT支持待机时间长、对网络连接要求较高设备的高效连接。NB-IoT设备电池寿命理论上可以维持至少10年,同时还能提供非常全面的室内蜂窝数据连接覆盖。

## 学习任务四　创意无限——物联网之应用层

物联网是一个宏大的概念,其内涵是将万物互联,彼此在同一个规则下沟通和交流,并智能地做出科学决策。物联网将给人类生活带来质的改变,淘汰很多门槛过低的岗位,同时又会产生更具创造性要求的新兴产业和新岗位。物联网三层架构技术中最富有创造性的是应用层,如何改造传统场景将其智慧化升级,是学习物联网知识的主要目标。

本节将介绍几个典型且成熟的物联网场景,在此基础上,同学们可以发挥创造性,自己设计开发一个身边的物联网场景应用。

### 一、智能电网——远程抄表系统

在智能电网之前,每家每户的用电情况需由人工抄写电表而得到,并据此收费。抄写电表虽然简单,但费时费力,若用户家中无人,则无法获得用电数据。

发电、输电、配电、供电以及售电、用电服务和终端用电设备等通过物联网技术连接在一起,通过实施智能化的控制以实现精准供能的系统称为智能电网。智能电网有效地提升了能源利用率、能源供应、用电安全性以及用户消费体验。

远程抄表系统是智能电网的重要组成部分,该系统能有效降低电网服务中的人力成本,提升客户用电体验。电力公司系统范围内电力用户全覆盖、全采集、智能化的用电信息处理是智能电网远程抄表系统电网建设的目标。居民用电与自来水、天然气等居民日常能源计费需求一致,通常可以统一建设成功能复合的居民用电、用水、用气一体的远程智能抄表系统。智能物联远程抄表系统如图5-22所示。

智能物联远程抄表系统可实现如下功能。

(1) 正确识别电表、水表、燃气表显示的数值,并将该数值通过通信网络正确传送到主控计算机上。

(2) 主控计算机对抄收到的数据进行统计、计费及保存,形成详细的用电用水等消费档案。

(3) 可进行现场或远程用电校对,进行用户消费量的查询。

(4) 分时段抄表、实现分时计费,分阶段计费,解决负载均衡的问题。

(5) 能实施欠费断电以及异常情况监测等智能管理。

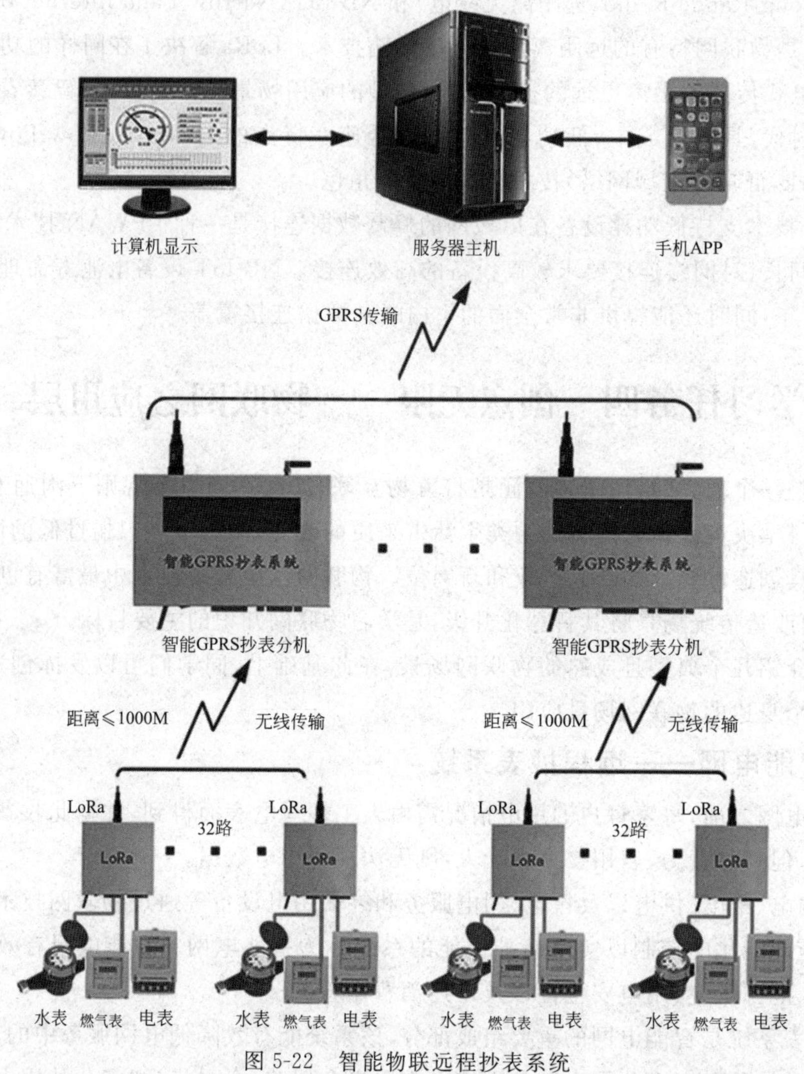


图 5-22 智能物联远程抄表系统

## 二、智慧交通——道路卡口的监控系统

智慧交通(Intelligent Traffic System，ITS)是在交通领域中充分运用物联网、云计算、人工智能、大数据、5G 等现代电子信息技术面向交通运输的服务系统。智慧交通系统可以使人和车在城市道路甚至更大的时空范围具备感知、互联、分析、预测、控制等能力，给城市交通安装“大脑”以充分保障交通安全、发挥交通基础设施效能、提升交通系统运行效率和管理水平，为公众通畅出行，提升人民的幸福感和可持续的经济发展服务。

从国内外的实践经验来看，当一个国家和地区的交通发展到一定程度，再想单纯依靠修建道路设施解决交通拥堵问题，不仅会受到地理空间和资金的限制，而且效果非常有限，也就是投入和产出比并不理想。经过长期的深入研究和探索，以美国、欧盟和日本等为代表的发达国家和地区都开始竞相加大在交通运输的智能化方面的投入，取得了一定的成效，并对地区其他产业都产生了积极的推动和辐射作用。

我国随着国民经济的快速发展，交通基础设施大为改善，但随着人民生活水平的提高，特别是私家车的保有量的快速增长，城市高峰期的拥堵现象很普遍，当下人民群众对高效率的出行有更多的期待。随着我国科学技术水平，特别是在新一代信息技术中5G和北斗导航等核心科技的自主化进程中取得的长足进步，使得我国交通智慧化方面的建设也在蓬勃发展，出现了不少智慧交通的案例，如图5-23所示。我国智慧交通的建设和发展也为未来无人驾驶汽车出行方式做足了准备工作，在上海、浙江、武汉等地开辟了无人驾驶汽车示范区，无人驾驶离我们越来越近。目前，智能交通系统已广泛应用于各大城市的交通管理中，如图5-24所示。部分城市的部分示范路段已开始启动无人驾驶模式。

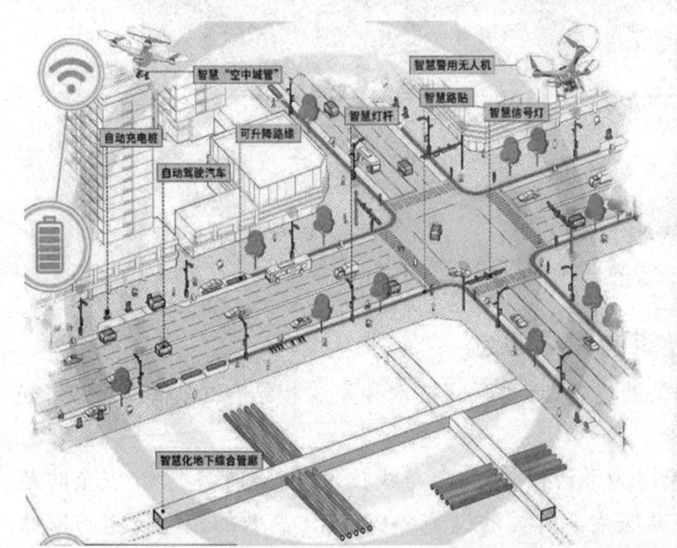

图5-23　智能交通系统

图5-24　部分城市的部分示范路段已经开始启动的无人驾驶

以城市道路卡口的监控系统，如图5-25所示，分析此物联网的场景应用：在感知层，摄像头进行视频监控，雷达测速传感器进行车速检测等，有些还会在地面铺设地感线圈，当车辆通过后，地感线圈的电感量发生变化，通过该变化的采集和计算来自动记录车辆闯红灯和超速等行为。网络层利用3G通信网络进行广域网连接，将道路口监测到的车辆信息传输到平台应用层。最上层的就是城市道路卡口的智能抓拍和测试的场景应用。

城市道路卡口的物联网应用可以大大降低交警的工作量，一方面从根本上解决交警人员不足的问题，另一方面更是能在城市交通治理改善上有质的飞跃。

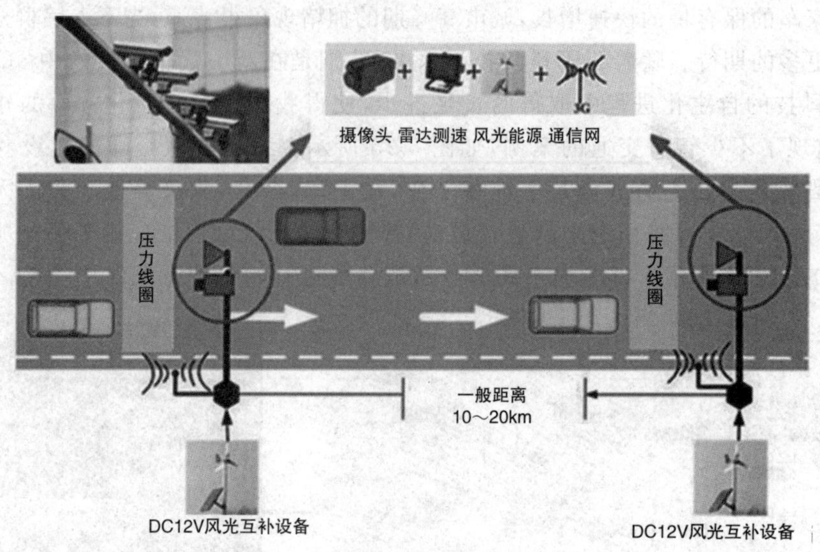


图 5-25　城市道路卡口的监控系统

## 三、智慧家居——宜居智能的家居系统

家居是和我们每个人都息息相关的场景，将物联网技术和家居相结合是提升幸福感、安全感、获得感的最佳方式之一。

智慧家居是一个系统，以住宅家居为平台，利用综合布线技术、网络通信技术、安全防范技术、自动控制技术、音视频技术将家居生活有关的设施集成，构建高效的住宅设施与家庭日程事务的管理系统，提升家居安全性、便利性、舒适性、艺术性，并实现环保节能的居住环境。智慧家居更加注重人与居住环境的协调，能够打破时空限制，通过 Internet 的连接随时控制室内居住环境。智慧家居是一个典型的物联网应用，将家居生活中的众多设备连接起来，通过家居环境信息的采集实现家电控制、照明控制、窗帘控制、安防控制等多种功能于一体的综合物联网控制系统。

最著名的智能家居要属比尔·盖茨的豪宅。比尔·盖茨在他的《未来之路》一书中以很大篇幅描绘了他在华盛顿湖建造的私人豪宅。他描绘他的住宅是“由硅片和软件建成的”并且要“采纳不断变化的尖端技术”。经过 7 年的建设，1997 年，比尔. 盖茨的豪宅终于建成，如图 5-26 所示。

图 5-26　比尔·盖茨在华盛顿湖建造的私人豪宅

智慧家居系统的感知层主要包括家居环境参数实时采集和监测的各种传感设备，例如RFID门禁、监控摄像头、烟雾传感器等，如图5-27所示。

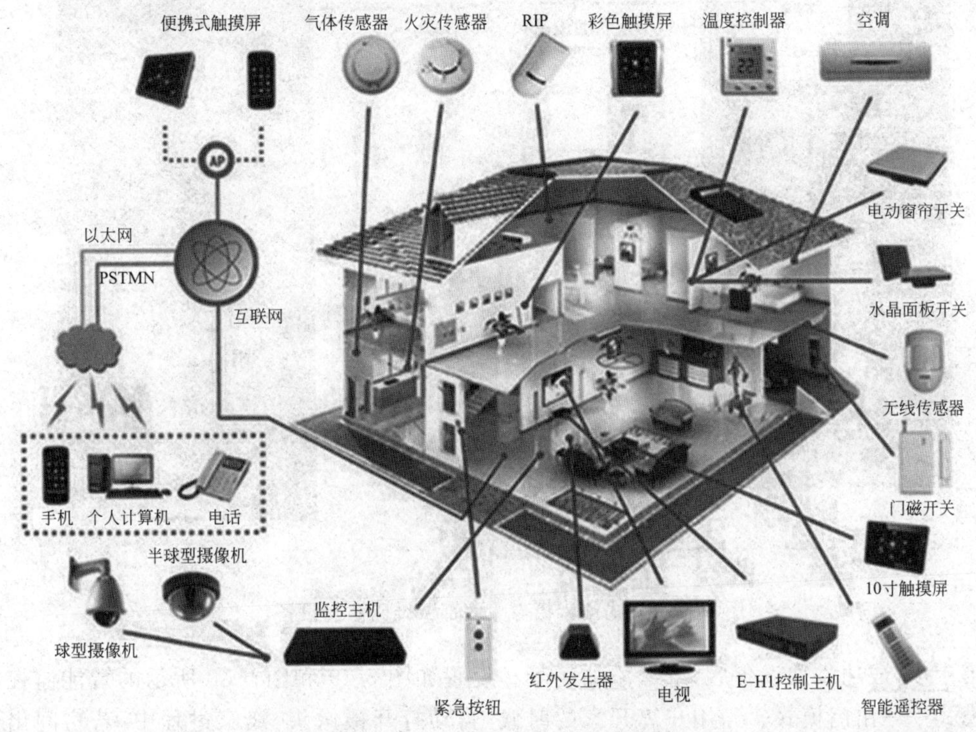


图5-27　智慧家居系统传感设备

智慧家居中的网络一般包含两层意义。一是指在家庭内部各种信息终端及各种家用电器能通过家庭无线网络，主要有Wi-Fi、ZigBee、蓝牙、红外等，实现自动发现、智能共享及协同服务。比如，使用一部带有红外功能的智能手机就能遥控所有的家电设备，不用到处寻找电视机、机顶盒、空调的遥控器；甚至未来的智能厨房里，灶具、冰箱、抽油烟机、烤箱等设备之间能相互控制。二是指通过家庭网关的串口通信和TCP/IP网络通信连接到信息管理平台将公共网络功能和应用延伸到家庭，通过网络连接各种信息终端，提供集成的语音、数据、多媒体、控制和管理等功能，实现信息在家庭内部终端与外部公网的充分流通和共享。

智慧家居应用层负责家居环境信息显示、人机交互的操作控制以及安防子系统的管理。

## 四、构建一个简单安防视频智慧场景

使用手机“米家”客户端构建智能家居中的视频物联网应用场景，步骤如下。

第一步：在手机中下载“米家”客户端。

第二步：添加小米摄像头设备。在打开手机蓝牙的前提下，打开米家客户端，单击右上角“添加设备”，扫描摄像头机身底座上的二维码，如图5-28所示。

家庭视频监控的配置

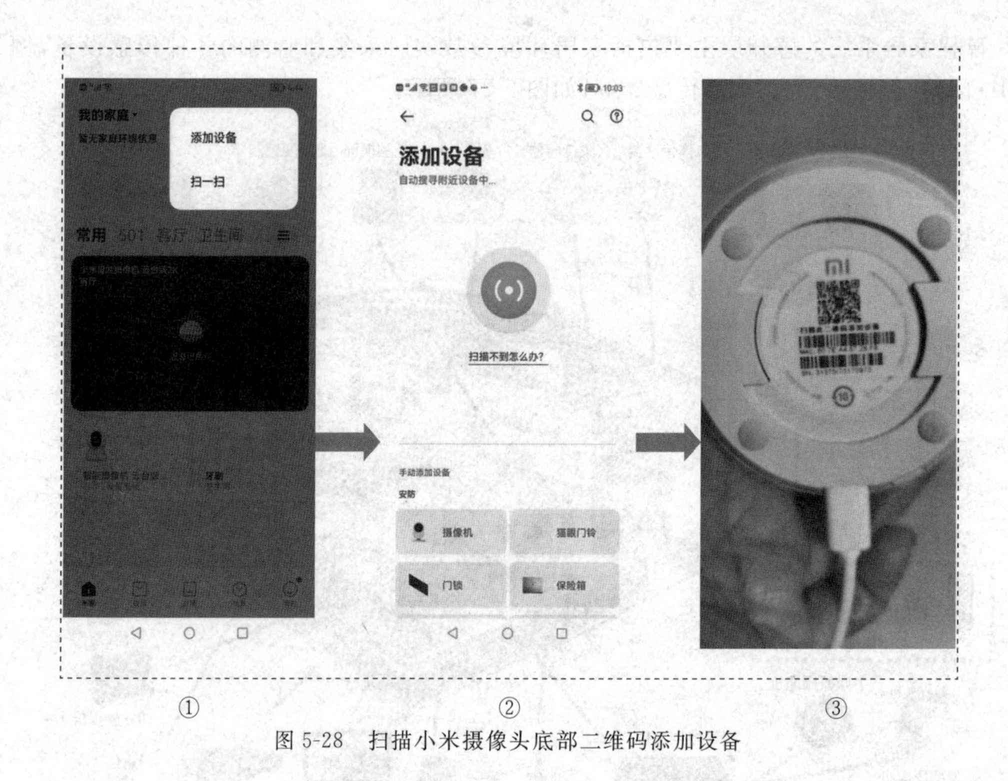


图 5-28 扫描小米摄像头底部二维码添加设备

第三步:成功添加设备后,继续添加场景。设置如图 5-29 和图 5-30 所示的智能监控的视频模式——出门模式。当用户离开家的时候,自动打开摄像头,离家过程中,若房间出现有人移动的情况,系统会以短消息的形式推送到绑定的手机上,提醒用户通过摄像头关注家中情况。

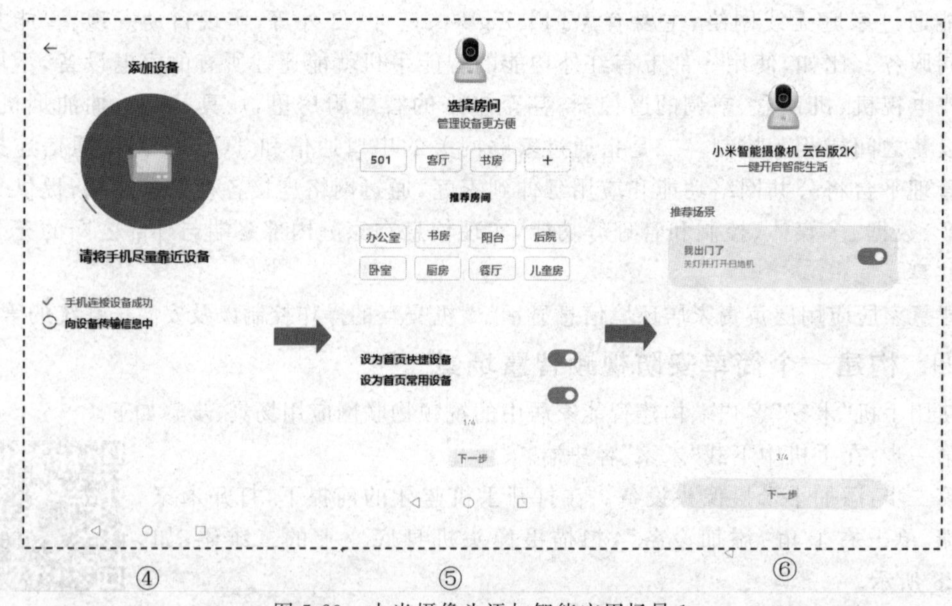


图 5-29 小米摄像头添加智能应用场景 1

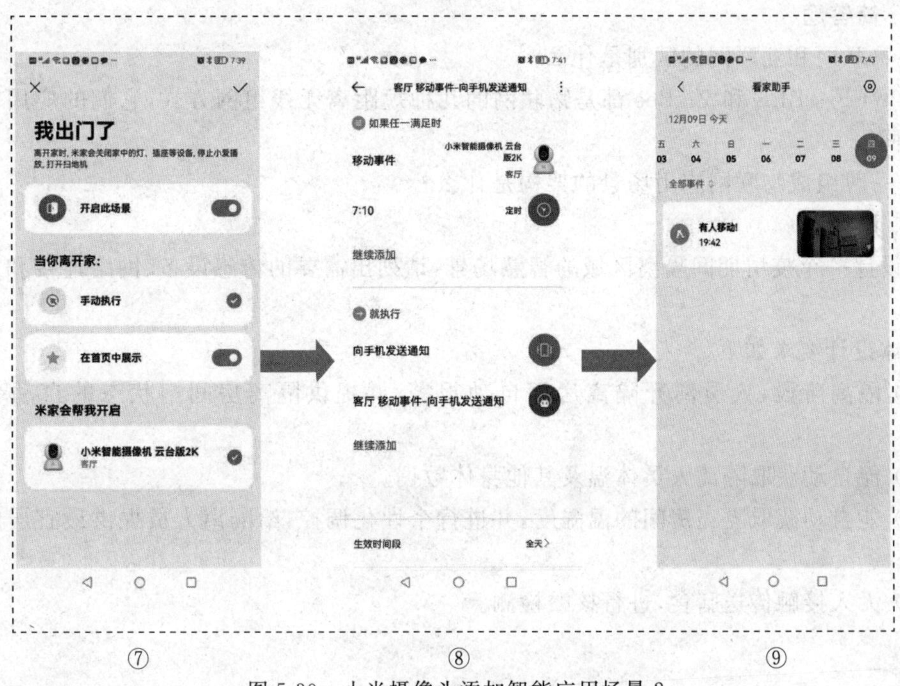


图 5-30　小米摄像头添加智能应用场景 2

## 学习自评

### 一、填空题

1. 物联网的英文简写是________,物联网的最初原型来源于美国卡内基梅隆大学里的一台联网的________。

2. 物联网的三层架构指的是________、________、________。

3. 5G 技术中的________特征对物联网的发展起到关键推动作用。

4. 二代身份证能实现代取纸质火车票,直接乘坐火车的原因是里面嵌入了________,实现了自动识别身份的功能。

5. 在防疫过程中,红外测温仪器设备的原理是________。

### 二、选择题

1. 物联网中的传感器类似于人体的(　　)器官。

   A. 感觉器官　　B. 运动器官　　C. 大脑　　D. 免疫器官

2. 下列物联网组网方式中属于长距离组网方式的是(　　)。

   A. Wi-Fi　　B. BLE　　C. ZigBee　　D. NB-IoT

3. 下列(　　)不属于物联网应用。

   A. 共享单车　　B. 智能家居　　C. 远程抄表　　D. 联网游戏

4. 华为 watch 和小米手环等可穿戴设备一般采用(　　)的组网方式。

   A. Wi-Fi　　B. BLE　　C. ZigBee　　D. NB-IoT

5. 一个有诸多传感器的物联网场景最宜采用(　　)的组网方式。

   A. Wi-Fi　　B. BLE　　C. ZigBee　　D. NB-IoT

三、简答题

1. 物联网和互联网的区别是什么?

2. Wi-Fi 、BLE 和 ZigBee 都是物联网的几种短距离无线组网方式,它们的应用场合有哪些不同?

3. 一般组成物联网应用场景的架构是什么?

四、设计题

请设计一个疫情期间隔离区域的智慧场景,请列出需要的传感设备、网络连接和应用管理方式。

具体设计要求如下。

(1) 隔离阶段,人员离开隔离房间自动报警,并提供隔离房间门状态的自动化监测数据。

(2) 能自动获取隔离人员体温及其他身体数据。

(3) 能自动获取隔离房间的温湿度,并进行个性化调控,给隔离人员提供最宜居的生活环境。

(4) 无人接触传送膳食,进行核酸检测。

## 学习情境六

# 人 工 智 能

## 情境导入

人脸识别（图 6-1）、语音识别（图 6-2）和推荐算法（图 6-3）是人工智能（Artificial Intelligence）在现实生活中的几个实际应用场景。

越来越多的人工智能应用取代了原来的人力操作，第一次工业革命，瓦特引领的蒸汽机时代取代了畜力；第二次以及第三次工业革命开启了电气时代，继而进入互联网时代，自动化流水线和大量工控设备的引入使大规模工业生产成为可能，大量原先从事手工作坊作业的人失业了。

刷脸支付

刷脸报到

酒店刷脸入住

图 6-1　人脸识别

讯飞语音输入

百度小度智能助手

基于语音操作系统的家政机器人

图 6-2　语音识别

图 6-3 推荐算法

以人工智能为主要技术引领的第四次工业革命已经拉开序幕。超市收银员、网络客服人员、外卖人员、司机等职业都有可能被 AI 代替。毕竟机器只要有电就能一直工作，不需要加班工资，不需要交社保。另外，机器没有情绪，不会因为情绪影响工作。

## 情境解析

在人脸识别中，应用的 AI 图像识别技术，能够根据输入的照片，判断照片中的内容。常用的有车牌号识别，人脸识别等。

人工智能
概况及发展

在语音识别中，AI 能够根据人说话的音频信号，判断说话的具体内容，如“百度小度”。据此，还产生了很多基于语音识别的应用服务场景，如家政机器人，语音控制的智能家居等。

在电商网站以及今日头条中，AI 能够根据用户从前的购买记录、网页浏览记录，预测用户的兴趣点，从而让网站做出相应的商品或网页内容的推荐。

## 学习目标

学习情境六包括四个学习任务，其知识（Knowledge）目标、思政（Political）案例、创新（Innovation）目标和技能（Skill）如表 6-1 所示。

**表 6-1 本章学习重点内容 KPI＋S**

| 序号 | 学习章节 | 学习重点内容 KPI＋S | | | |
|---|---|---|---|---|---|
| | | 知识目标 | 思政案例 | 创新目标 | 技能 |
| 1 | 人工智能的概念及发展历史 | 图灵测试 | 人工智能赋能中国制造业发展 | 人工智能芯片、操作系统等 AI 创新需求 | — |
| 2 | 图像识别 | 特征提取分类器神经网络、机器学习 | 图像识别在新冠肺炎疫情中的应用 | 健康码的创新之举 | — |
| 3 | 语音识别 | 声学特征：梅尔频率倒谱系数 | 借助科大讯飞、百度等语音识别平台 | 国产科技自主创新 | 语音控制系统和语音识别软件应用 |
| 4 | 推荐算法 | 文本推荐算法和中文词袋模型 | 信息茧房现象的识别和引导甄别互联网信息 | 字节跳动公司旗下的头条和抖音 | — |

**知识导图**

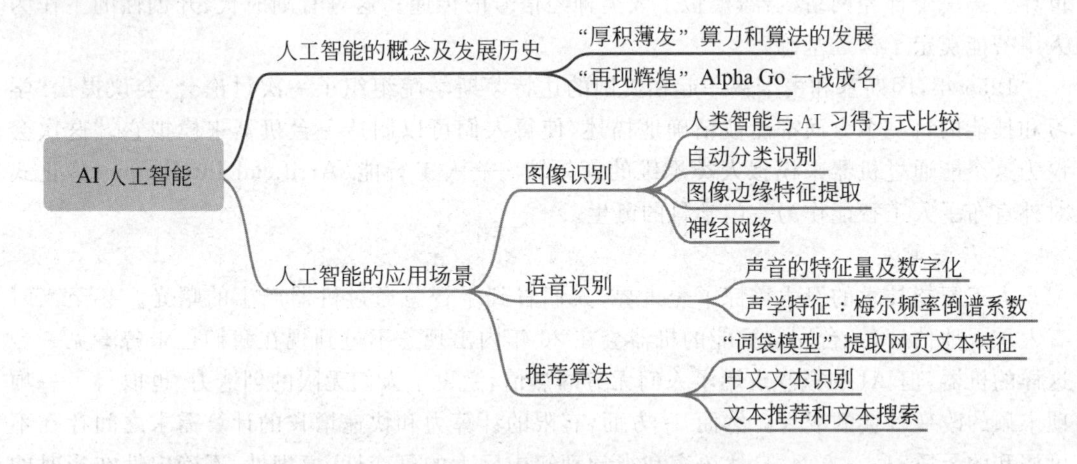


# 学习任务一　人工智能的概念及发展历史

## 一、人工智能概念

人工智能是通过机器来模拟人类认知能力的技术，其涉及面很广，包括感知、学习、推理和决策方面的能力。AI 最核心的能力是根据给定的输入自动做出最佳判断和预测。

## 二、人工智能的起源与发展

1. 横空出世

艾伦·图灵(Alan Turing)1950 年在他的论文《计算机器与智能》中提出了著名的图灵测试(Turing Test)，图灵与图灵测试如图 6-4 所示。图灵测试的内容是：在测试者与被测试者(一台机器和一个人)隔开的情况下，通过一些装置(如键盘)向被测试者随意提问。进行多次测试后，如果有超过 30% 的测试者不能确定出被测试者是人还是机器，那么这台机器就通过了测试，并被认为是具有人类智能的机器。2014 年 6 月，英国雷丁大学的聊天程序成功地冒充了 13 岁的小男孩，真正通过了图灵测试，意味着该台机器具备了人类思维。

图 6-4　图灵与图灵测试

1951 年夏天，普林斯顿数学系在读的 24 岁研究生马文闵斯基（Marvin Minsky）建立了世界上第一个神经网络机器，模拟了人类神经信号的传递。这具有划时代、开创性的工作为人工智能奠定了深远基础。

1956 年，闵斯基和麦卡锡一起在美国的达特茅斯学院组织了一次讨论会，会议提出“学习和技能的每一个方面都能被精确地描述，使得人们可以制造一台机器来模拟它。”这次会议为这个能通过机器来模拟人类思维的新领域——人工智能（Artificial Intelligence），正式对外宣布了人工智能作为一门学科的诞生。

2. 厚积薄发

人工智能技术的诞生震惊了全世界，人们看到了智慧通过机器产生的曙光。甚至当时有人乐观地估计，一台完全智能的机器会在 20 年内出现。不过到现在我们也未曾看见一台这样的机器，但 AI 的概念点燃了人们无穷的热情，激发了人们无限的创造力，也取得了一项项丰硕的改变社会的成果。然而，一方面，有限的计算力和快速增长的计算需求之间存在不可调和的矛盾；另一方面，自然语言和视觉理解中巨大的可变性、模糊性、不确定性在当时的条件下构成了 AI 发展中难以逾越的障碍，人们的热情在困难面前有所消退，AI 的发展也举步维艰。

3. 辉煌再现

20 世纪 90 年代，历经 AI 发展的低谷后，科学家们开始引入高等代数、概率统计和优化理论等数学工具，为 AI 技术打造更加坚实的数学基础。打开了 AI 跨学科融合的大门，也使得 AI 的落地成果获得了更加严谨的科学检验。AI 在数学的驱动下，相当数量的数学模型和算法发展起来，比如，统计学习理论、支持向量机、概率图模型等。这些算法被引入语音识别、图像识别、智能推荐等诸多领域。AI 所取得的丰硕成果集中体现在 2017 年谷歌通过深度学习训练出的 Alpha Go，它在围棋比赛中战胜了世界排名第一的中国围棋选手柯洁，这项胜利为人工智能技术带来了新一轮的投资浪潮。

4. 人工智能于发展中国制造业的意义

中国的传统制造业大而不强，与日本、德国等发达资本主义国家相比较还有一定的差距。从人工智能技术的具体实际应用来说，制造业却可能是最快进行自动化、智能化的蓝海领域。2020 年的“两会”上，人工智能技术写进了政府工作报告，为中国制造业进行人工智能技术的转换，升级中国制造为中国智造提供了良好的发展机遇。

在生产力水平急需提升、人口红利逐渐消失的情况下，传统制造业企业迫切需要改造升级自己的工厂、业务，提高收益，降低企业成本。因此，制造业既是人工智能可以大有作为的领域，也是中国发展人工智能的优势领域。人工智能为中国制造能够引领全球带来巨大机遇。

除此之外，中国在人工智能领域的人才储备、研究成果等方面，也具备较强的基础。比如在人才方面，中国科学家已经占据了全球人工智能科研实力的半壁江山。图灵奖唯一华人获奖者姚期智院士，2004 年，放弃美国国籍，回国在清华大学创办了计算机天才云集的“姚班”；2019 年，他又创办了培养人工智能人才的“智班”，培养人工智能领域领跑国际的拔尖科研创新人才。

# 学习任务二　图 像 识 别

## 一、人类智能与人工智能的不同习得方式

人类要通过系统地在校学习来吸收知识；为了检验学习效果要参加学校组织的统一考试。学到知识掌握技能毕业后，就能在社会中解决实际问题，发挥自己的价值。这是人类智慧能力的基本训练过程，可以用图 6-5 更清晰地表达出来。

人类

学习

考试

解决问题

图 6-5　人类智慧的习得过程

学生在学校通过老师、课本接收知识。人工智能是模拟人的思维模式，首先通过大量的数据来学习称为“训练”的过程，考试过程称为“测试”，最后的解决问题称为“应用”，过程如图 6-6 所示。

人工智能

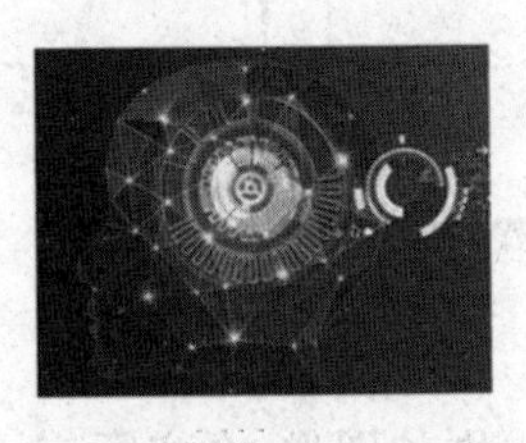

训练

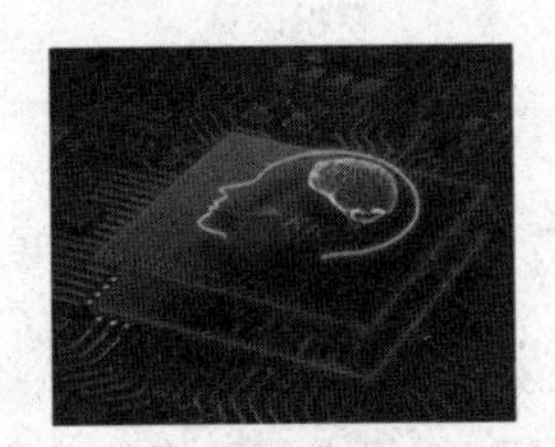

测试

应用

图 6-6　人工智能的智慧习得过程

机器学习是人工智能的一种实现方法，机器学习根据以往的经验来不断改善优化计算机自身的性能。深度学习是机器学习的一种实现方法，依据生物脑神经元结构模拟计算机中的神经元模型。卷积神经网络(Convolutional Neural Network，CNN)、循环神经网络(Recurrent Neural Network，RNN)是比较流行的深度学习方法。

## 二、计算机的图像特征提取和自动分类识别

在计算机中，图像由一系列被称为像素的小格子组成，每个小格子是一个色块，用不同的数字表示不同的色块。图像因此就表示为一个由数字组成的矩形阵列，称为矩阵(matrix)存储在计算机中。格子的行数和列数统称为分辨率(resolution)。给出一个完整的数字矩阵，并且将该矩阵中的数值转换为相应的颜色在计算机中呈现出来就可以复现图像。因此，这些矩阵数值就是图像的特征，人工智能技术要自动识别出图像，首先需要提取图像特征。

1. 卷积运算和方向梯度直方图的图像边缘特征提取

在人工智能技术中，常利用卷积运算的方法来提取图像边缘特征（图像在边缘部分像素变化较大，而在中间平坦部分像素变化不大）。继而，学者们又开创了方向梯度直方图的方法来提取更复杂而有效的图像特征，这种方法在物体识别（包括人脸识别）和物体检测中应用较多。方向梯度直方图的方法提取图像特征分为三个步骤：首先，利用卷积运算从图像中提取特征边缘；其次，将图像划分成若干区域后对边缘特征按照方向和幅度进行统计，并形成直方图；最后，将区域内所有的直方图拼接后形成特征向量。

2. 支持向量机分类器实施图像分类识别

提取出特征向量后，还需要分类器对特征进行相应的分类才能自动识别图像的内容。人工智能图像识别步骤如图 6-7 所示。常用一款称为支持向量机（support vector machine，SVM）的分类器来进行图像特征向量的分类。利用所提供的支持向量机学习算法后，训练分类器。训练成功后的支持向量机分类器就能对测试集的方向梯度直方图进行分类识别。

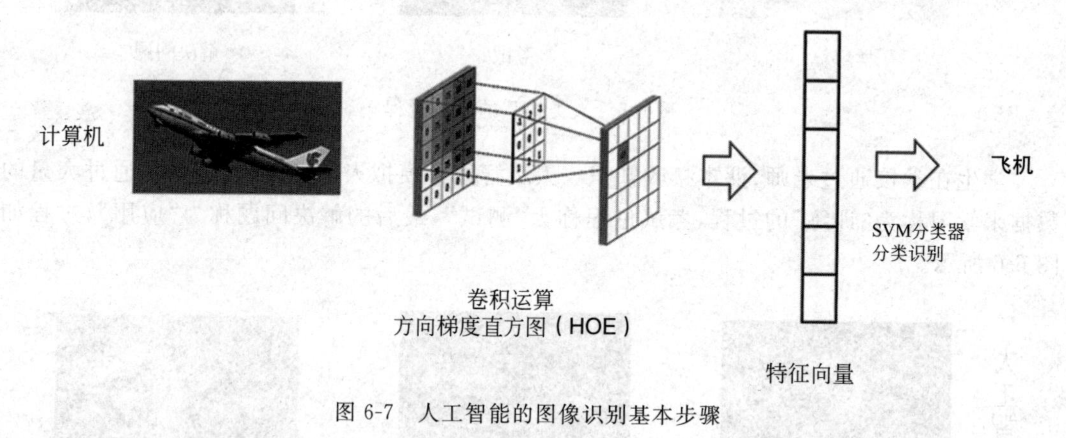


图 6-7 人工智能的图像识别基本步骤

3. 基于深度神经网络的图像分类

利用方向梯度直方图的特征提取和支持向量机的分类器识别的图像，在实际应用中识别的正确率并不高，要远低于人本身的视觉识别。2012 年，多伦多大学的学生在参加 Image Net 挑战赛中，使用深度神经网络的方法对图像进行识别，正确率大为提高。三年后，微软研究院提出一种新的神经网络结构，将图像识别的正确率提高到超过人类的视觉识别水平。到此，深度神经网络很好地解决了图片分类识别正确率低的问题。

深度神经网络在大大提高图像识别正确率的同时，还极大地简化了人工智能系统。因为，在上述卷积运算的人工智能识别中采用的是图 6-8 所示的特征提取和特征分类两个独立的步骤解决问题的；而深度神经网络将二者集成在一起，如图 6-9 所示，只需将图片输入神经网络，就可以直接获取图片类别的自动识别。

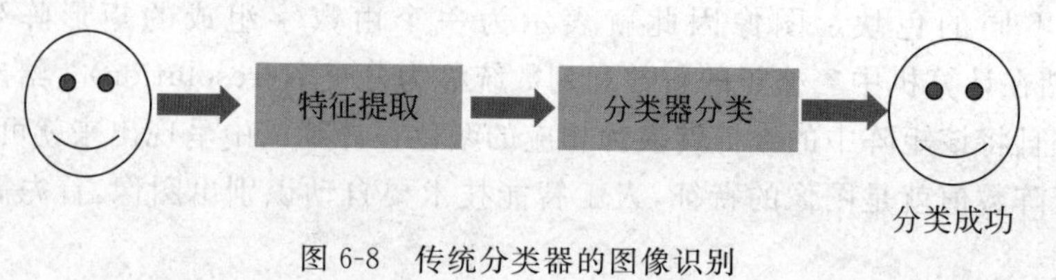


图 6-8 传统分类器的图像识别

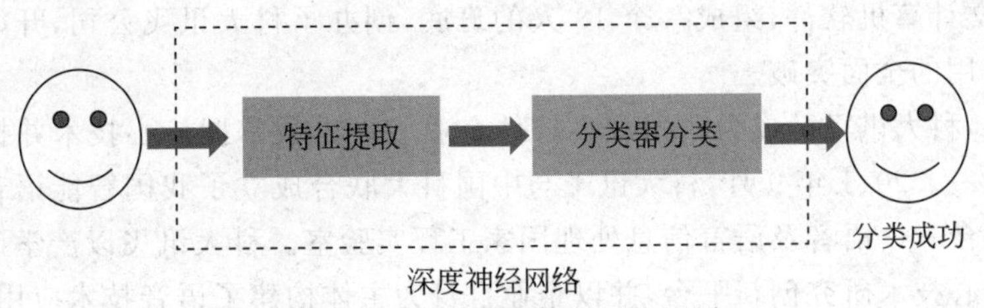


图 6-9　深度神经网络的图像识别

# 学习任务三　语音识别

## 一、声音的特征量及数字化

频率是声音的重要特征,单位为赫兹(Hz)。频率代表了发声物体在一秒内振动的次数,人耳只能感知到一定频率范围内的声音。不同的人,声音频率也不同。

将声波进行数字化处理的基本步骤如图 6-10 所示:采样(sampling)、量化(quantization)和编码(encoding)。例如,将声波转换为计算机能处理的 MP3 格式就经历了采样率为 44100Hz 的上述几个数字化过程。

图 6-10　不同音乐类型的分类流程图

## 二、经典的声学特征:梅尔频率倒谱系数

梅尔频率倒谱系数(Mel-Frequency Cepstral Coefficients,MFCC)的引入不仅可以表达刻画出声音的频谱的特征形状,还能表达出声音的“共振峰”(声音频率上能量相对集中的一些区域)。

## 三、语音识别在日常生活中的应用

通过声音的数字化,计算机能“感知到”声音;通过频谱的计算,计算机能理解声音的音调和音色;MFCC 特征是对频谱的再提炼,计算机可以用便于处理的低维度向量表达出“共振峰”等声音的重要特性后实现声学模型(acoustic model)的识别,再通过建立语言模型(language model)后识别组成意义明确的语句。声学模型和语言模型是语音识别的左膀右臂,这两个模型的质量,影响着最终语音识别的正确率。语音识别在生活中有很多的实际应用场景:科大讯飞语音输入法、百度旗下的人工智能助手“小度”是一个内置 DuerOS 对话式的人工智能系统、家政机器人都采用语音输入的命令操作系统。

有了数字化声波的过程就可以利用人工智能技术对输入的声音(音乐)进行分类。例如网易云音乐,虾米音乐等都有音乐类型推荐。

## 四、讯飞语音　中国科技的自主创新

2000 年以前,中文语音产业几乎全部掌握在国外公司手中,国内从事语音技术研究的人才和团队大量流失,形势非常危急。语音如同文字,是民族的象征和文化的基础。在这种背景下,尚在攻读博士学位的刘庆峰和实验室的几名师弟,带着自主研制的中国第一款“能听会说”的中文计算机软件，组成一个18人的班底，创办了科大讯飞公司，开始寻求从核心技术到产业应用的全面突破。

十多年来，科大讯飞已成为我国众多软件企业中极少数掌握核心技术并拥有自主知识产权的企业之一。2011年9月，科大讯飞与中国科大联合成立了我国智能语音领域唯一的国家级研究平台——语音及语言信息处理国家工程实验室。科大讯飞以产学研结合的方式构建了语音核心技术研究创新平台，并以企业自身为主体构建了语音技术应用创新平台，形成了从基础研究、应用研究到市场应用的完整的创新价值链。在日益激烈的国际竞争中夺回了中文语音主流市场八成的份额，被业界公认为中文语音产业国家队，成为中国语音产业界唯一的上市公司。

## 五、AI技能尝鲜试：用讯飞将录音转成文字

第一步：访问“讯飞听见”官方网站。

第二步：用微信扫码方式登录上述网站。

第三步：“讯飞听见”提供转文字、云会议、拍字幕、找翻译四大服务内容，如图6-11所示。单击“转文字”把录音转成文字的服务。

图6-11　扫码登录“讯飞听见”智慧办公服务平台

第四步：在“转文字”界面，可选择“机器快转”或“人工精转”，单击“上传音频”按钮，上传音频文件，如图6-12所示。

第五步：选择音频文件的语言，出稿类型，单击“转写预览”按钮浏览转写效果，如图6-13所示。

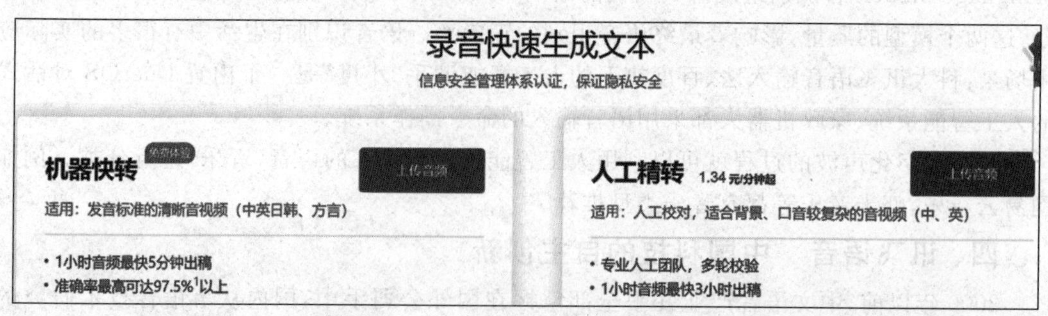


图6-12　“上传音频”录音快速生成文本

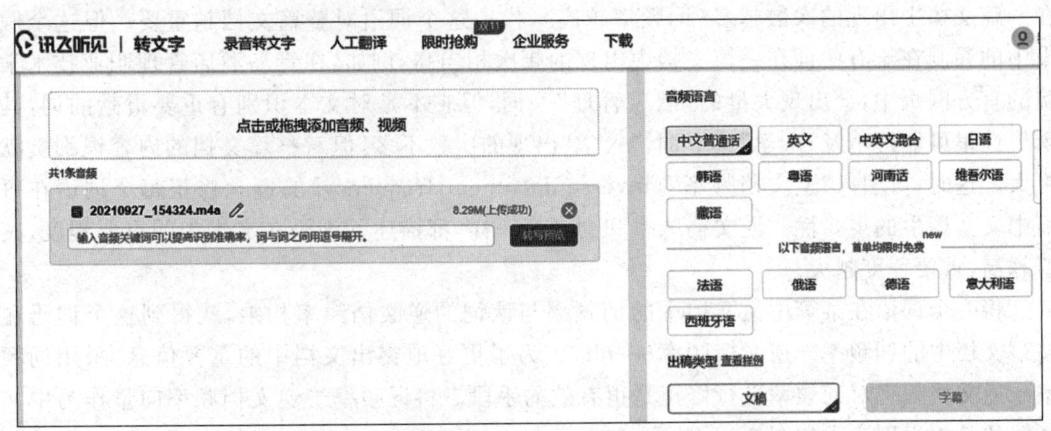


图 6-13　选择音频语言

# 学习任务四　推荐算法

互联网网页中有大量的文本信息，随着自媒体的流行，微博、微信中产生了大量的文本内容。人工智能技术可自动读懂这些文本，对网页文本信息进行自动监督、回复和推荐等系列互动操作，在节省人类有限的阅读时间和注意力的同时也能净化网络空间。

## 一、"词袋模型"提取网页文本特征

将一篇网页文档看成"装有若干词语的袋子"，只考虑词语在文档中出现的频次，而忽略词语的顺序及结构的方法称为"词袋模型"(bag-of-words model)。词袋模型是网页文本数字化的方式，将网页文档进行了很大程度的简化。构建基于"词袋"若干词语的词典，并借助"词典"将词袋转换为特征向量。在公共的词典对网页文档进行词频统计(统计每篇文档中每个词语出现的次数)。

词袋模型很简单，但如果要进行中文文本识别，就必须要有其他文本处理技术的配合才能在实际应用中有很好的中文文本识别正确率。因为，相比英文，中文不容易把句子中的词语一个个单独拆分，在中文文本中，所有的词语都连接在一起。

## 二、中文文本识别中的几个概念

计算机不明白一个字是和前面还是后面的字组成一个有意义的词语。因此，在中文网页文本的识别中，对文本构建"词袋"之前要借助特定的手段将中文词语分隔开，这项技术称为"中文分词"(word segmentation)。

中文句子中常常包含"的""了""也"等基本词语，无论什么文档都不可避免地包含这些词，但这些词对文本内容的识别帮助并不大。这样一些不携带主题信息的高频中文词被称为"停止词"(stop word)。与这些停止词相对的概念是"低频词"，在中文句子中，也会出现一些频率极低，并不常用的专有名词。这些低频词无益于对中文文本内容的识别，还会加大特征向量计算的复杂性。因此，必须去掉这些停止词和低频词，简化文本特征向量后再构建词典。

中文句子中，每个出现的词语对整篇文档的重要性的指标不同。用一个词语在一篇文档中出现的次数与这段文本中词语的总数的商表示为词频率(term frequency)。一个词语在一篇文档中出现的次数越多(词频率越高),代表这个词语对整篇文档越重要。但这个假设中的漏洞在于有些词在一篇文档中出现的频次相当高,例如,在青岛酒店管理职业技术学院的官方网页中,会出现大量的"酒店管理"一词,但它不是对文本识别有重要贡献的词,其重要性很可能远不及"入学"这个词,"入学"出现的次数不多,但对整篇文档的内容识别贡献更大。这时,可引入"逆文档频率"(inverse document frequency)的概念修正每个词语在每篇中文文档中的重要性。逆文档频率和词频率一样,都描述了词语在文本中的重要程度,其值越高,重要程度越大。

将一个词语在某篇中文文档中的词频率与该词的逆文档频率相乘,就得到这个词语在整篇文档中的词频率－逆文档频率(tf-idf)。为了更好地突出文档中的重要信息,采用词频率－逆文档频率对词频率进行修正是很有效的手段。将词频率－逆文档频率向量作为中文文档的基本识别流程如图 6-14 所示。

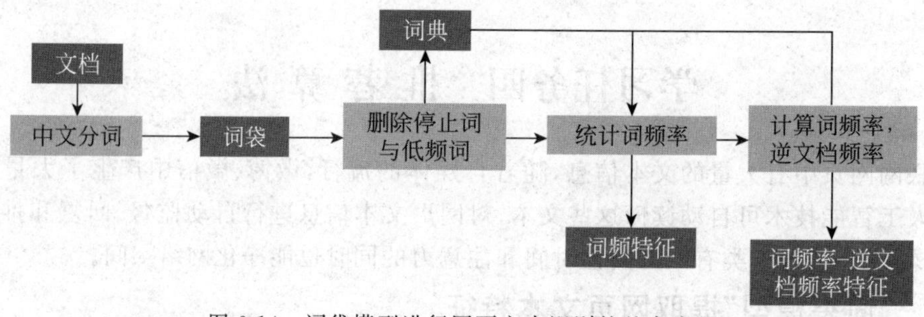


图 6-14 词袋模型进行网页文本识别的基本流程

## 三、中文文本的数学模型

上述词频统计的方法提供了对中文文档中的主题建立数学模型的思路,主题模型(topic model)是用于描述语料库及其中潜在主题的一类数学模型。但一篇文档往往包含若干个主题,每个主题都有一个词频向量,每篇文档也有一个主题向量,将文档词频(D)、主题比重(W)和主题词频(T)三者的关系表示为

$$D=WT$$

上述等式建立了语料库与潜在主题之间的关系,是主题模型的核心。

## 四、"投其所好"文本推荐和文本搜索

在日常浏览网页的经历中,特别是在访问"淘宝""天猫"一些电子商务网站后,用户先前访问过的商品会在下一次访问该平台时,平台自动推荐很多类似的。这其实就是网页文本的主题被识别后,用户的喜好就会被平台所知,在下次登录该平台的时候,就会把用户所感兴趣主题的其他新的网页发送给用户,实现"精准营销"。类似的有"今日头条"网页新闻的智能推荐。

## 五、AI 思政案例:"天网恢恢　疏而不漏"

互联网不是法外之地,当下自媒体盛行,似乎人人都是"路透社",个个都有"麦克风",这是一个"网红"诞生的时代,很多人为了刷流量,不惜发布惊悚、低级趣味,或者引起公众恐慌的一些言论。网页上经常会出现"14 亿中国人都被骗了……""14 亿中国人都在转……""震

惊了……”所谓的惊悚体新闻标题。在 AI 智能推荐下，用户一旦点开一个这样的网页，就会有越来越多类似的新闻推荐，使用户掉进“信息茧房”中，从社会层面来看，此类网络谣言一旦超过一定的范围，都属于违法犯罪。

**网络谣言违法犯罪典型案例 1**：2019 年 3 月，某市网警发现该地微信朋友圈中传播着一段关于“外地人来××县偷小孩”的视频信息，引发大量网民关注，造成了恶劣的社会影响。公安机关迅速传唤信息发布者张某。经查，3 月 10 日，张某在自己经营的店铺门前看到有几个外地人经过，在未经证实的情况下，拍摄视频并转发到朋友圈，声称“外地人来××县偷小孩”。经公安机关调查，“外地人来××县偷小孩”的事实并不成立。归案后，张某对其散布网络谣言的违法行为供认不讳，公安机关对其做出罚款的行政处罚。

**网络谣言违法犯罪典型案例 2**：2019 年 4 月 21 日下午 3 时许，某市网警发现某快手用户上传了一段时长为 12 秒的视频，声称“多人被杀”。经公安机关调查，该视频与事实不符。经查，违法行为人郭某路过案发地时，发现路边停放着警车、120 急救车，随即拍摄现场视频，在未调查事情真相的情况下，郭某即主观臆断捏造“多人被杀”案情，在“快手”视频平台散布网络谣言，造成恶劣的社会影响。公安机关对郭某做出行政拘留 10 日的处罚。

**网络谣言违法犯罪典型案例 3**：2019 年 5 月，山东网民陈某在《××论坛》发帖，造谣称“××城中派出所提醒，夜间超过深夜两点，满背文身者将被拘留 24 小时”，造成恶劣社会影响。公安机关依法对陈某实施处罚。

## 学习自评

**一、填空题**

1. 2017 年谷歌通过深度学习训练出的________在围棋比赛中战胜了世界排名第一的中国围棋选手________，这项胜利为人工智能技术带来了新一轮的投资浪潮。

2. 人工智能是通过________来模拟人类________的技术。其最核心的能力就是根据给定的________自动做出最佳________和________的能力。

3. ________是人工智能的一种实现方法，该方法根据以往的经验，来不断改善优化计算机自身的性能。________是依据生物脑神经元结构模拟计算机中的神经元模型。

**二、判断题**

1. 人工智能的学习模式与人类学习模式一样。 （ ）

2. 人工智能对人类的发展有百利而无一害。 （ ）

3. 很多入职门槛低、劳动强度大的工作岗位，都会随着人工智能技术的发展而消失。 （ ）

4. 人工智能技术是一把双刃剑，不加以规范会对人类有害。 （ ）

**三、简答题**

1. 什么是人工智能技术？

2. 什么是机器学习？

3. 什么是“信息茧房”现象，并说明如何避免现实生活中的“信息茧房”。

# 学习情境七

# 信息安全与区块链技术

## 情境导入

2017 年 5 月 12 日，全球多个国家的网络同时遭受到一个称为 WannaCry 的恶意软件攻击。据称，这个恶意代码和美国国家安全局网络武器库中泄露出的“永恒之蓝”(Exteral Blue)都是利用微软操作系统的一个重要漏洞进行攻击。这个恶意软件在国内被称为“魔窟”“想哭”“勒索病毒”等，利用的是微软操作系统中 445 端口的一个漏洞进行攻击。该网络攻击不分国别，不分对象，不管是基础设施还是工控系统，不管是政府团体用户还是个人用户都会进行无差别的破坏攻击。经分析发现，其在攻击中取得控制权后通过 445 端口向一个特定的地址进行查询，如果得到回传的信息则不进行任何动作。没有得到回传的信息则转到一个可执行文件，对受害人的文件利用非对称秘钥进行加密，完成后删除原有文件，弹出要求以比特币付款的勒索对话框，如图 7-1 所示。

图 7-1　中了勒索病毒的计算机界面

2018 年 8 月 3 日晚，台湾积体电路制造股份有限公司(简称“台积电”)计算机系统遭到计算机病毒攻击，并造成竹科晶圆 12 厂、中科晶圆 15 厂、南科晶圆 14 厂等主要厂区的机台停线。据报道，损失将超过 11.5 亿元。台积电总裁魏哲家在记者招待会上表示，这次攻击是勒索病毒“想哭”(WannaCry)的变种，症状是宕机或重复开机。他说，此次事件为新机安装过程操作失误所致，没有先隔离，确认无病再联网，导致里面的病毒在联网后快速传播，所有的生产线都受到影响。该病毒在台积电新竹科学园区厂房安装新设备的时候被带入，而生产设施中运行关键工序的 Windows 7 操作系统未打补丁，445 端口也没有关闭，导致中毒，之后蔓延到台南科学园区和台中科学园区厂房。台积电还确认，受到影响的主要是最先进的 300mm 晶圆和 7nm 工艺生产线。

## 情境解析

据安全情报供应商 Risk Based Security(RBS)《2020 年第三季度数据泄露报告》，截至 2020 年 9 月 30 日，全球公开披露的数据泄露事件 2953 起，相比 2019 年的 6021 起减少近 50%。但是，数据泄露的数量与事件报告数量形成鲜明对比，2020 年泄露数据量 360 亿条，相比 2019 年 83 亿条迅猛增加 332%。这意味着每次的信息安全事件引发的破坏性更大。

区块链基础知识

在网络飞速发展的今天，信息科技正迅速改变着人们的生活，越来越多的人的生活和工作离不开网络。然而随着便利的网络信息而来的还有信息安全问题。信息安全已成为当下互联网社会安定的重要因素。毋庸置疑，没有信息安全就没有国家的安全。

## 学习目标

学习情境七包括三个学习任务，其知识(Knowledge)目标，思政(Political)案例以及创新(Innovation)目标和技能点(Skill)如表 7-1 所示。

**表 7-1　本章学习重点内容 KPI＋S**

| 序号 | 学习章节 | 学习重点内容 KPI＋S | | | |
|---|---|---|---|---|---|
| | | 知识目标 | 思政案例 | 创新目标 | 技能 |
| 1 | 国内信息安全概况 | 网络安全等级保护制度 | 信息安全事件及国内信息安全法律法规的制定 | — | — |
| 2 | 信息安全基础知识 | 防火墙功能及类型 | 政府及银行采用物理隔离实施信息安全防护 | 国家反诈中心 App | 国家反诈中心 App 的操作使用 |
| 3 | 区块链基础知识及应用 | 掌握区块链知识及应用场景 | 区块链之数字金融服务平台 | — | — |

## 知识导图

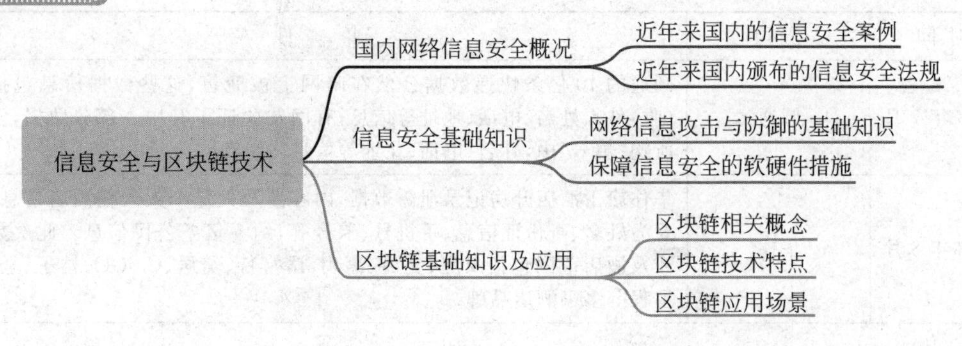

# 学习任务一　国内网络信息安全概况

## 一、网络信息安全意识的发展及其要素

20 世纪 40 年代，人们就有了保护信息及信息系统免受各种未经授权的破坏、入侵、修改、监控及销毁等行为的意识。早期信息安全关注的重点在通信加密以及加密保护方面，直到 20 世纪 90 年代后期，信息安全辐射领域进一步拓宽，逐渐渗透到计算机科学、网络技术、通信传输技术、密码技术、网络信息攻防技术等综合技术领域。近几年，随着增强现实、人工智能、虚拟技术的发展，能源、交通、医疗和金融对信息技术的依赖程度逐渐提高，全球新型冠状病毒肺炎疫情的爆发，改变了人们的生活方式，信息安全相关技术研究开始向社会、政治、科技、军事、医疗、生活等众多领域延伸。我国也把国家网络信息安全、数据安全上升为国家安全的战略层面。信息安全的五个基本要素如表 7-2 所示，即需保证信息的保密性、真实性、完整性、可用性和不可否认性。

表 7-2　信息安全的五个基本要素

| 信息安全要素 | 具体相关内容 |
| --- | --- |
| 保密性 | 要求保护数据内容不被泄露，防止非授权者对信息的非法阅读，也要防止授权者将其访问的信息传递给非授权者，以致信息被泄露。加密是实现机密性要求的常用手段 |
| 真实性 | 对信息的来源进行判断，能对伪造来源的信息予以鉴别 |
| 完整性 | 要求保护的数据内容是完整的、没有被篡改的。常见的保证一致性的技术手段是数字签名 |
| 可用性 | 是指授权主体在需要信息时能及时得到服务响应 |
| 不可否认性 | 指在网络环境中，信息交换的双方不能否认其在交换过程中发送信息或接收信息的行为 |

## 二、近年来国内信息安全事件

1. 个人信息泄露事件

近年来，国内有关个人信息安全事件集中在消费者个人信息泄露的系列事件上，如表 7-3 所示。

表 7-3　消费者个人信息泄露系列事件

| 时间 | 公司 | 事件 |
| --- | --- | --- |
| 2018 年 7 月 | 圆通 | 圆通的 10 亿条快递数据公然在暗网上被兜售，这些数据信息包括寄（收）件人姓名、电话、地址等信息，有网友验证了其中一部分数据，发现所购“单号”中，姓名、电话、住址等信息均属实 |
| 2018 年 8 月 | 华住 | 华住旗下酒店开房记录泄露数据，内容涉及大量个人入住酒店信息，主要为姓名、身份证信息、手机号、卡号等，约 5 亿条公民信息。此次数据涉及酒店范围包括汉庭、美爵、禧玥、诺富特、美居、CitiGO、桔子、全季、星程等多家酒店品牌 |

续表

| 时间 | 公司 | 事件 |
| --- | --- | --- |
| 2018年11月 | 万豪 | 万豪酒店发布公告称，旗下喜达屋酒店遭第三方非法入侵，导致在2018年9月10日前在喜达屋酒店预订的5亿名客人的信息被泄露，这些数据包括姓名、邮寄地址、电话号码、电子邮件地址、护照号码、出生日期等 |
| 2021年3月 | 智联招聘、猎聘 | 平台简历给钱就可随意下载，大量简历流入黑市 |

2. 物联网系统信息安全事件

2019年5月，湖北警方经过50余天侦查，成功破获湖北省首例入侵物联网破坏信息系统的刑事案件，抓获两名犯罪嫌疑人。据警方介绍，3月21日至22日，位于光谷总部国际的"微锋"(化名)科技有限公司的多台物联网终端设备出现故障：自助洗衣机、自助充电桩、自助吹风机、按摩椅、摇摇车、抓娃娃机等均脱网无法正常运行。经统计，共100余台设备被恶意升级无法使用、10万台设备离线，造成重大经济损失。经审查核实，谢某系"微锋"公司前员工，2018年年初离职时带走了该公司产品的设计源代码，后与王某共同成立了"微天地"科技公司，成为"微锋"公司的行业竞争对手。谢某、王某为提高自己公司产品的市场占有率，破解了"微锋"公司的物联网服务器，利用系统漏洞将终端设备恶意升级，导致100余台设备系统损坏，无法正常工作；同时模拟终端设备，以每秒3000～4000条的速度给服务器发送伪造离线报文，导致10万台设备离线。

万物互联的信息化时代给人们的生活带来质的飞跃，预计2022年后，将有超过426.2亿台物联网设备连接到互联网。物联网设备受限于有限的RAM、ROM资源，其设备一般都很小，无法运行消耗资源较多的HTTP协议，于是CoAP(Constrained Application Protocol)受限应用协议在物联网系统中应运而生。物联网的客户端访问CoAP测试服务器使用的都是固定的5683端口。这就很容易使黑客攻击者向开放CoAP服务的物联网设备发起请求，大量的响应消息将会被黑客发送至受害者主机，造成主机资源被非法占用，影响提供正常服务。

2021年3月9日，通过对互联网上开放物联网CoAP协议进行公网IP查询(利用zoomeye软件使用port:5683条件筛选)后发现，世界范围内开放了5683端口的物联网设备总计约有2229282台。中国是开放5683端口最多的国家，占比43.79%，其后是俄罗斯、美国、加拿大、日本等国家。中国国内开放5683端口的物联网设备排名前三的地区是江西、新疆和四川。因此，减少物联网设备端口5683的网上暴露，重视物联网设备的协议安全问题刻不容缓。

CoAP协议端口5683网上暴露的安全问题可以通过以下方式得到缓解。

(1) 不需要CoAP服务时，应及时关闭5683端口。

(2) 减少互联网暴露机会，非必要不连入公共网络。

(3) 建立完善的CoAP等物联网协议的DDoS攻击检测与防护机制。

3. App侵害用户隐私安全，下架"滴滴出行"

针对App侵害用户隐私安全的问题，2021年工信部已建立完善全国App技术检测平台，对国内上架的热门App进行技术检测。如果App不符合规定，会先要求其整改。整改后仍不通过或未按照要求整改的App,直接进行下架处理。

2021年6月30日,“滴滴出行”在美国上市。从“滴滴出行”于2021年6月11日向美国证券交易委员会递交的IPO招股书可以看到,“滴滴出行”的业务涵盖15个国家、4000个城市,年活跃用户数4.93亿,司机1500万。2021年7月2日,网络安全审查办公室发出公告,宣布对滴滴出行启动网络安全审查。公告称,为防范国家数据安全风险,维护国家安全,保障公共利益,依据《中华人民共和国国家安全法》《中华人民共和国网络安全法》,网络安全审查办公室按照《网络安全审查办法》,对“滴滴出行”实施网络安全审查。为配合网络安全审查工作,防范风险扩大,审查期间“滴滴出行”停止新用户注册。

2021年7月9日,国家网信办发布通告称:根据举报,经检测核实滴滴公司多款App存在严重违法违规收集使用个人信息问题。国家网信办依据《网络安全法》相关规定,通知应用商店下架其公司相关App,要求相关运营者严格按照法律要求,参照国家有关标准,认真整改存在的问题,切实保障广大用户个人信息安全。各网站、平台不得为“滴滴出行”和“滴滴企业版”等多款已在应用商店下架的App提供访问和下载服务。

2021年7月16日,国家互联网信息办公室会同公安部、国家安全部、自然资源部、交通运输部、税务总局、市场监管总局等部门联合进驻滴滴出行科技有限公司,开展网络安全审查。这是自《网络安全审查办法》出台以来,我国公开实施网络安全审查的第一案。

## 三、国内信息安全法律法规

习近平总书记曾说:“没有网络安全就没有国家安全,没有信息化就没有现代化。”建设网络强国,就需要培养造就世界水平的科学家、网络科技领军人才、卓越工程师、高水平创新团队。网络安全(Cyber Security)是指网络系统的硬件、软件及其系统中的数据受到保护,不因偶然的或者恶意的原因而遭受到破坏、更改、泄露,系统连续可靠正常地运行,网络服务不中断。近年来,我国加强信息安全法律法规建设,出台了一系列的相关文件,其中一些知名法律法规文件如图7-2所示。

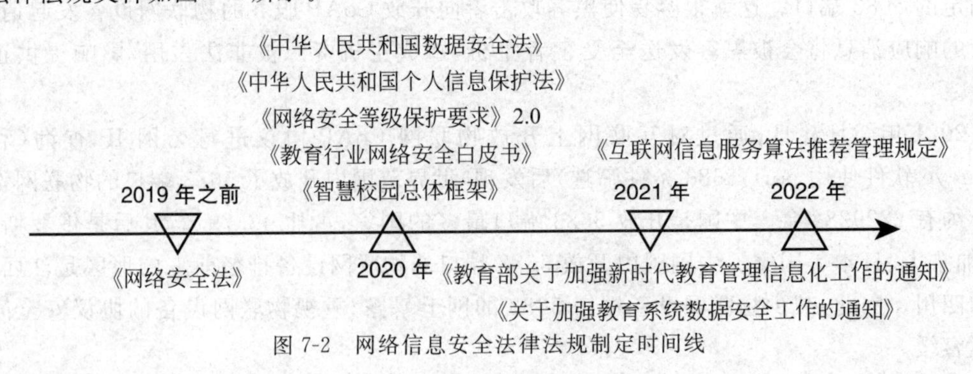


图7-2 网络信息安全法律法规制定时间线

十二届全国人大常委会第二十四次会议表决通过了《中华人民共和国网络安全法》(简称《网络安全法》),并在2017年6月1日实施。《网络安全法》第二十一条规定国家实行网络安全等级保护制度。网络运营者应当按照网络安全等级保护制度的要求,履行安全保护义务,保障网络免受干扰、破坏或者未经授权的访问,防止网络数据泄露或者被窃取、篡改。信息系统的安全保护等级应当根据信息系统在国家安全、经济建设、社会生活中的重要程度,信息系统遭到破坏后对国家安全、社会秩序、公共利益以及公民、法人和其他组织的合法权益的危害程度等因素确定。我国信息系统的安全保护等级分为五级,如

表 7-4 所示。

**表 7-4　我国信息系统的安全保护等级**

| 等级 | 对　象 | 侵害客体 | 侵害程度 | 监管强度 |
| --- | --- | --- | --- | --- |
| 第一级 | 一般 | 公民、法人合法权益 | 损害 | 自主保护 |
| 第二级 | 系统 | 公民、法人合法权益 | 严重损害 | 自主保护、指导 |
| | | 社会秩序和公共利益 | 损害 | |
| 第三级 | 重要系统 | 社会秩序和公共利益 | 严重损害 | 自主保护、监督检查 |
| | | 国家安全 | 损害 | |
| 第四级 | | 社会秩序和公共利益 | 特别严重损害 | 按业务专门需求保护、强制监督检查 |
| | | 国家安全 | 严重损害 | |
| 第五级 | 极端重要系统 | 国家安全 | 特别严重损害 | 按业务特殊安全需求保护、专门监督检查 |

2019 年 5 月 28 日，国家互联网信息办公室正式发布了《数据安全管理办法（征求意见稿）》向社会公开征求意见。该意见稿的出台，有利于切实保护公民、法人和其他组织在网络空间的合法权益，保障个人信息和重要数据安全，维护国家安全与社会公共利益。

2020 年 6 月 28 日—30 日，举行的十三届全国人大常委会第二十次会议，《中华人民共和国数据安全法》（简称《数据安全法》）初次审议。作为我国关于数据安全的首部律法《数据安全法》经历了三次审议与修改，于 2021 年 9 月 1 日起该法律正式实施，这表明数据作为一种新型的、独立的保护对象已经获得我国立法上的认可。标志着我国在数据安全领域有法可依，为各行业数据安全提供监管依据。

近年来，人工智能中的推荐算法应用在给政治、经济、社会发展注入新动能的同时，算法歧视、“大数据杀熟”、诱导沉迷等算法不合理应用导致的问题也深刻影响着正常的传播秩序、市场秩序和社会秩序，给维护意识形态安全、社会公平公正和网民合法权益带来挑战。

为防范国家互联网安全风险，同时促进智能推荐算法服务健康发展、提升国家互联网监管能力水平。2022 年 1 月初，国家互联网信息办公室、工业和信息化部、公安部、国家市场监督管理总局联合发布《互联网信息服务算法推荐管理规定》，规定自 2022 年 3 月 1 日起施行。国家互联网信息办公室有关负责人表示，该规定旨在规范互联网信息服务算法推荐活动，维护国家安全和社会公共利益，保护公民、法人和其他组织的合法权益，促进互联网信息服务健康发展。

# 学习任务二　信息安全基础知识

## 一、信息安全包含内容

信息安全包含网络运行系统安全、信息传播安全、信息内容安全等方面。

网络运行系统安全是指人们生活中所使用的信息发布收集处理的平台系统的安全。比如 Unix、Linux、Windows 等平台。系统安全的重点是保证系统正常运行，避免出现系统宕机并影响响应存储数据以及前置业务系统的情况发生。

信息传播安全指信息传播后果的安全，包含信息过滤，避免在公共网络中传播的信息内容被非法窃取等。

信息内容安全重点是指保护信息的保密性、真实性、完整性。避免信息被冒充、窃听等。

网络系统信息的安全指用户口令密码管理，系统权限控制，数据读取权限安全访问，方式控制，安全审计，数据加密安全等。

## 二、网络攻击形式及信息安全防御技术

### 1. 网络攻击形式

网络攻击形式主要分中断、拦截、修改和伪造。

针对网络可用性进行攻击，摧毁系统资源，使其瘫痪不可用称为中断攻击。

针对网络保密性进行攻击，用非法手段获取系统各种资源的行为称为拦截。

针对网络完整性进行攻击，利用非法手段获取权限并对数据进行更改的行为称为修改攻击。

针对网络完整性进行攻击，利用非法手段将非正常数据插入传输数据中的行为称为伪造。

### 2. 信息安全防御技术

目前网络安全技术可分为隔离技术、病毒监控、防火墙技术、入侵检测、文件加密和数字签名技术等。

隔离技术分为逻辑隔离和物理隔离。物理隔离就是利用技术手段从物理上切断主机与互联网的链接。一般应用在银行以及政府系统中，优点是隔离效果明显，缺点是传输效率低，技术耗费大。逻辑隔离指被隔离两端物理上连通，利用技术手段保证被隔离的两端没有数据通道，比如，协议交换、服务器 DMZ 区等。

病毒监控及防火墙技术是企事业单位当下最常用的安全技术。主要针对病毒攻击，随着病毒监控技术的发展，病毒监控还能预防一些木马攻击及黑客入侵。

## 三、保障信息安全的软硬件措施

### 1. 保障信息安全的防火墙技术

防火墙(Firewall)是现代网络信息安全防护技术中的重要组成部分，防火墙技术可以有效防护外部侵扰与影响。防火墙是一种在内部与外部网络之间发挥作用的防御系统，具有安全防护的价值与作用。通过防火墙可以实现内部与外部资源的有效流通，及时处理各种安全隐患问题，进而提升了信息数据资料的安全性。随着网络技术手段的完善，防火墙技术的功能也在不断完善，可以实现对信息的过滤，保障信息安全。防火墙功能结构示意如图 7-3 所示。

防火墙对流经它的网络通信进行扫描，这样能够过滤一些攻击。防火墙可以关闭不使用的端口，能禁止特定端口的流出通信，封锁特洛伊木马。此外，防火墙可以禁止来自特殊站点的访问，从而防止来自不明入侵者的所有通信。

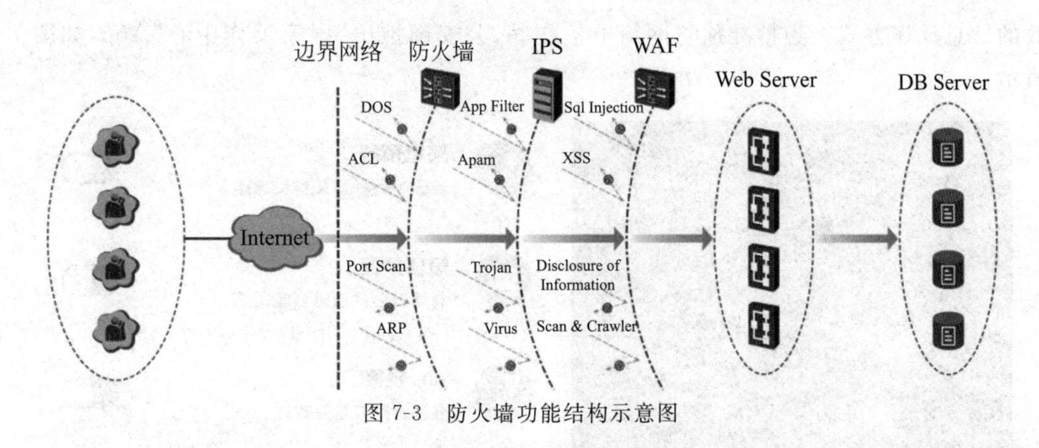


图 7-3 防火墙功能结构示意图

防火墙有边界防火墙、包过滤防火墙、应用防火墙和代理服务类防火墙等几类。网络中，边界防火墙为传统的防火墙，它用于内外网实施逻辑隔离，保护边界内部网络。这类防火墙一般为硬件类型、性能和网络吞吐量都较高，价格也相对昂贵。

数据包过滤防火墙又称为网络层防火墙，在每一个数据包传送到源主机时都会在网络层进行过滤，对于不合法的数据访问，防火墙会选择阻拦并丢弃。数据包过滤防火墙有两个缺点：一是，非法访问一旦突破防火墙，即可对主机上的软件和配置漏洞进行攻击；二是，数据包的源地址、目的地址以及 IP 的端口号都在数据包的头部，很有可能会被窃听或者假冒。

应用防火墙也称为第三代防火墙或新一代防火墙，此类防火墙在网络应用层上建立协议过滤和转发功能。针对特定的网络应用服务协议使用指定的数据过滤逻辑，并在过滤的同时，对数据包进行必要的分析、登记和统计，形成报告。例如，图 7-3 中的 WAF（Web Application Firewall，Web 应用防护系统），对 Web 服务器进行针对性防护。

代理服务类防火墙，也称为链路级网关，是针对数据包过滤和应用网关技术存在的缺点引入的防火墙技术，其特点是将所有跨越防火墙的网络通信链路分为两段。防火墙内外计算机系统间应用层的链路，由两个终止代理服务器上的链接来实现，外部访问者只能先通过代理服务器后，再访问隔离防火墙内部的系统服务器。例如，反代设备、堡垒机。

图 7-3 中的 IPS（Intrusion Prevention System，入侵预防系统）是计算机网络安全设施，是对防病毒软件和防火墙的补充。入侵预防系统是一部能够监视网络或网络设备的网络资料传输行为的计算机网络安全设备，能够即时中断、调整或隔离一些不正常或是具有伤害性的网络资料传输行为。

图 7-3 中的 WAF 是一类新兴的信息安全技术，用以解决诸如防火墙一类传统设备束手无策的 Web 应用安全问题。与传统防火墙不同，WAF 工作在应用层，因此对 Web 应用防护具有先天的技术优势。基于对 Web 应用业务和逻辑的深刻理解，WAF 对来自 Web 应用程序客户端的各类请求进行内容检测和验证，确保其安全性与合法性，对非法的请求予以实时阻断，从而对各类网站站点进行有效防护。

2. 保障信息安全的国家反诈中心 App

近年来，信息诈骗频繁，各种电信诈骗手段层出不穷，“事前发现、源头预防”是当前最有效的信息反诈方式。为精准预防网络电信诈骗，公安部推出“国家反诈中心”App，如图 7-4 所示。

图 7-4　国家反诈中心 App

“国家反诈中心”App 可以免费提供防骗保护，当用户收到涉嫌诈骗的电话、短信、网址或者安装涉嫌诈骗的 App 时，可以智能识别骗子身份并及时预警，极大降低用户受骗可能性。“国家反诈中心”App 定期向用户推送防诈文章，曝光最新网络诈骗案例，提高防骗意识，同时会根据不同年龄、职业等人群特点，测试被骗风险指数，防患未然。

“国家反诈中心”App 可以对非法可疑的电信网络诈骗行为进行在线举报，为公安提供更多的反诈线索。在使用手机过程中，如果发现可疑的手机号、短信，赌博、钓鱼网站，诈骗 App 等信息，用户可以在“我要举报”模块进行举报，后台会及时进行封杀。该 App 还能进行真实身份验证，在社交软件上交友、转账时，验证对方身份的真实性，防止对方冒充身份进行诈骗。“国家反诈中心”App 的重要功能如图 7-5 所示。

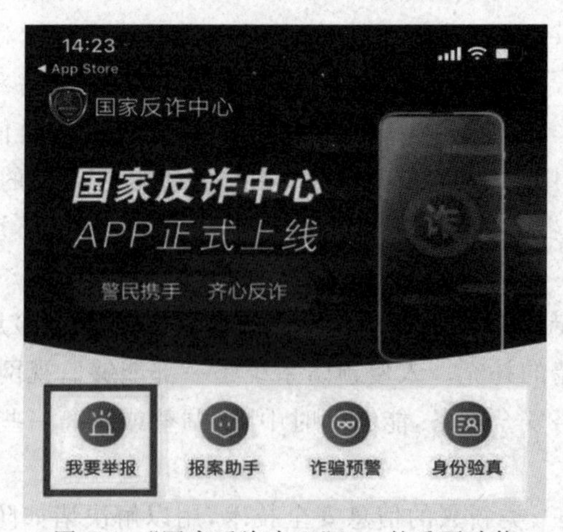


图 7-5　“国家反诈中心”App 的重要功能

此外，“国家反诈中心”App 还能进行风险查询，在涉及陌生账号转账时，可以使用如图 7-6 所示的“风险查询”功能，验证对方的账号是否涉诈，包括支付账户、IP 网址、QQ、微信等，及时避开资金被骗风险。“国家反诈中心”App 能够及时预警骗局，智能识别套路，给老百姓的“钱袋子”增加一层国家级保护。

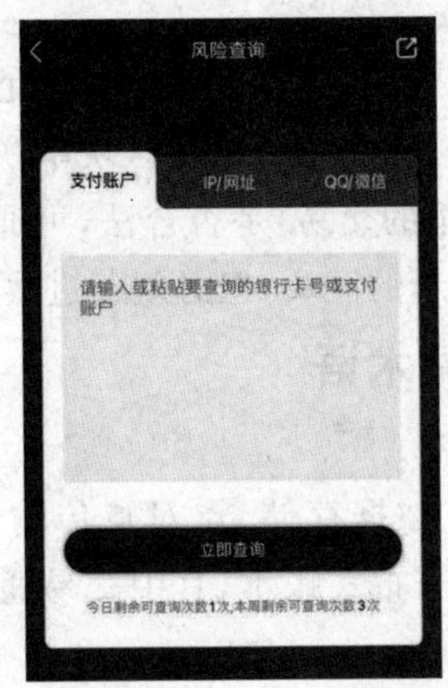


图 7-6　“国家反诈中心”App 的“风险查询”功能

# 学习任务三　区块链基础知识及应用

## 一、区块链的概念

### 1. 分布式记账技术简介

分布式记账技术是分布在多个节点或计算设备上的数据库，每个节点都可以复制并保存一个分类账，且每个节点都可以进行独立更新。它的特征是分类账不由任何中央机构维护，分类账的更新由每个节点独立构建和记录。

节点可以对这些更新进行投票，以确保其符合大多数人的意见。这种投票又被称为共识，共识会通过算法自动达成。共识一旦达成，分布式分类账就会自行更新，分类账最新的商定版本将分别保存在每个节点上。

分布式记账技术解决了信任成本问题，对于银行、政府、公证处等的依赖没有那么大，数据全在节点上，同时，也解决了消费者权益、财务诚信和交易速度的问题。区块链实质就是一种如图 7-7 所示的分布式记账方法。

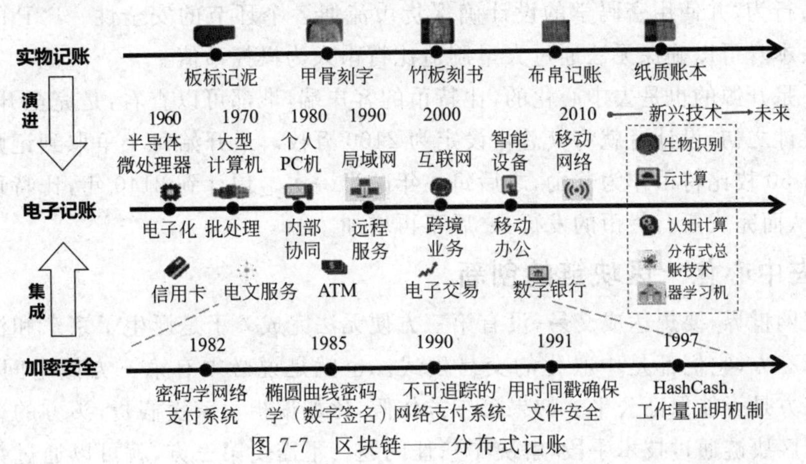


图 7-7　区块链——分布式记账

2. 区块链实现原理

区块链的目标是实现一个分布式的数据记录账本，只允许添加、不允许删除。分布式账本底层的基本结构是一个线性的链表，链表由一个个区块串联组成，后继区块中记录前导区块的哈希(Hash)值。某个区块(以及块里的交易)是否合法，可通过计算哈希值的方式进行快速检验。网络中节点可以提议添加一个新的区块，但必须经过共识机制来对区块达成确认。

## 二、区块链技术中的常见术语

1. 区块链

区块链(Block chain)是分布式数据存储、点对点传输、共识机制、加密算法等计算机技术的新型应用模式，是一个共享的分布式账本，其中交易通过附加块永久记录。

2. 区块

在比特币网络中，数据会以文件的形式被永久记录，称这些文件为区块(Block)。一个区块是一些或所有最新比特币交易的记录集，且未被其他先前的区块记录。

3. 区块头

区块头里面存储着区块的头信息，包含上一个区块的哈希值、本区块体的哈希值以及时间戳等。

4. 去中心化

去中心化是一种现象或结构，必须在拥有众多节点的系统中或在拥有众多个体的群中才能出现或存在。节点与节点之间的影响，会通过网络而形成非线性因果关系。

5. 共识机制

共识机制是通过对特殊节点的投票，在很短的时间内完成对交易的验证和确认；对一笔交易，如果利益不相干的若干个节点能够达成共识，就可以认为全网对此也能够达成共识。

6. 比特币

比特币的发明基于区块链技术，区块链就是比特币的底层。比特币作为货币是区块链的应用之一。

比特币的概念最初由日本人中本聪在2008年11月1日提出，并于2009年1月3日正式诞生。与大多数货币不同，比特币并不依靠特定货币机构发行，而是依据特定算法，通过大量的计算产生。比特币根据整个P2P网络中众多节点构成的分布式数据库来确认并记录所有的交易行为，并使用密码学的设计确保货币流通各个环节的安全性。P2P的去中心化特性与算法本身可以确保无法通过大量制造比特币人为操控币值。

比特币是开源的也是去中心化的，比特币的客户端，谁都可以查看，是完全开源的代码。在比特币设计之初，设计者就将其总量设定为2100万枚。最开始每个争取到记账权的矿工都可以获得50枚比特币作为奖励，之后每4年减半一次。预计到2140年，比特币将无法再继续细分，从而完成所有货币的发行，之后不再增加。

## 三、去中心化－区块链的创新

在互联网世界，要想达成交易，没有第三方便无法完成。于是诞生了京东和淘宝作为交易担保的第三方，它们都是中心化的交易模式。也就是说必须有第三方做中间人，实现交易。但第三方是否能保证公平？如果第三方作假，比如偏袒卖家卖假货，买方的合法权益将受到侵犯。区块链通过技术手段，解决了信任问题。不需要第三方，就可以通过数据块的模式互相验证，达到无法篡改，无法作假的目的。

假如区块链的每个节点代表一个人。例如，这里有一群人，张三找李四买东西，张三先付给了李四 100 元，这时候张三对大家喊（节点广播）付了李四 100 元钱。于是大家（包括买家卖家）都用自己的小账本记上：××日××时张三付给李四 100 元。这时候李四作为卖家收到张三的钱，但是他反悔，不想发货了，于是他修改自己的账本，把张三付给他的 100 元这条数据删除了（修改自己节点数据）。但是这样一来，大家是不同意的，因为大家小账本上记录的和李四账本上的不一样（相互验证）。所以在这种情况下，无论卖家和买家都无法作假，因为已经发生的事实会被所有节点记录，修改单一节点没有用。最近比较流行的 DeFi（Decentralized Finance，去中心化金融）也是类似的道理。P2P 的大量跑路情况，都是因为存在中心化导致的问题。保障信息安全所做的去中心化是区块链技术的创新之举。

## 四、区块链的特点

区块链的四个基础特征是不可篡改、唯一性、智能合约、去中心自组织或社区化，如图 7-8 所示。

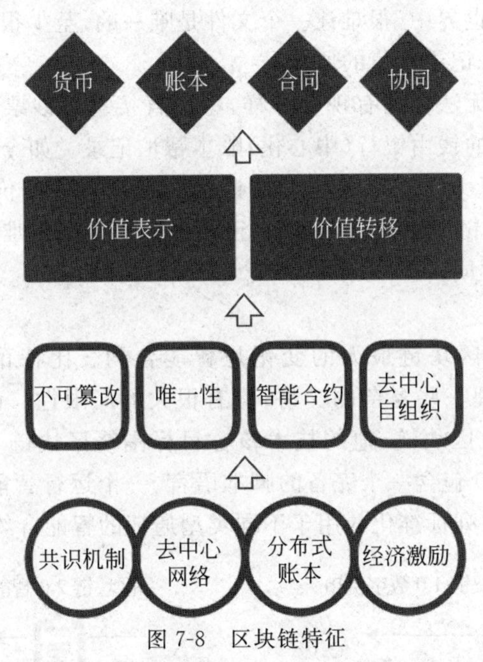


图 7-8　区块链特征

1. 不可篡改

区块链最容易被理解的特性是不可篡改。不可篡改是基于“区块＋链”（block＋chain）的独特账本而形成的：存有交易的区块按照时间顺序持续加到链的尾部。要修改一个区块中的数据，就需要重新生成它之后的所有区块。

共识机制的重要作用之一是使得修改大量区块的成本极高，从而几乎是不可能的。以采用工作量证明的区块链网络（比如比特币、以太坊）为例，只有拥有 51％的算力才可能重新生成所有区块以篡改数据。

在现在常用的文件和关系型数据库中，除非采用特别的设计，否则系统本身不记录修改痕迹。区块链账本采用的是与文件、数据库不同的设计，它借鉴的是现实中的账本设计——留存记录痕迹。因此，在区块链中，只能修正账本，不能不留痕迹地修改账本，如图 7-9 所示。

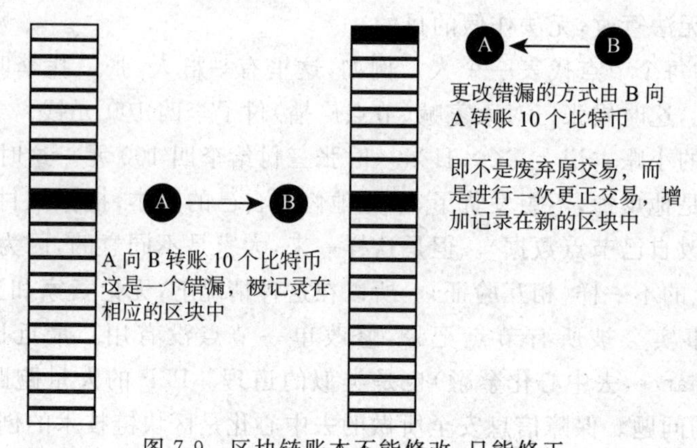


图 7-9 区块链账本不能修改、只能修正

2. 表示价值所需要的唯一性

在数字世界中，最基本的单元是比特，比特的根本特性是可复制。但是价值必须是唯一的，不能被复制。在数字世界中，很难让一个文件是唯一的，至少很难普遍地做到这一点，这是当下需要中心化账本来记录价值的原因。

在数字世界中，人们无法像拥有现金一样，手上直接拿着钞票。在数字世界中，人们需要银行等信用中介，他们的钱由银行（中心化）账本帮忙记录。如今区块链技术第一次把"唯一性"带入了数字世界，以太坊去中心化的通证将数字世界中的价值表示功能普及。百度CEO 李彦宏评价说"区块链到来之后，可以真正使虚拟物品变得唯一，这样的互联网跟以前的互联网会是非常大的不同。"。

3. 智能合约

从比特币到以太坊，区块链最大的变化是智能合约。比特币是一种数字货币，它的UTXO 和脚本也可以处理一些复杂的交易，但有很大的局限性。而天才少年，人称"V 神"的维塔利克创建了以太坊区块链，他的技术核心目标围绕区块链 2.0 的智能合约展开，如图 7-10 所示。区块链 2.0 包含一个完备的脚本语言、一个运行智能合约的虚拟机（EVM），以及后续发展出来的一系列标准化的用于不同类型通证的智能合约等。

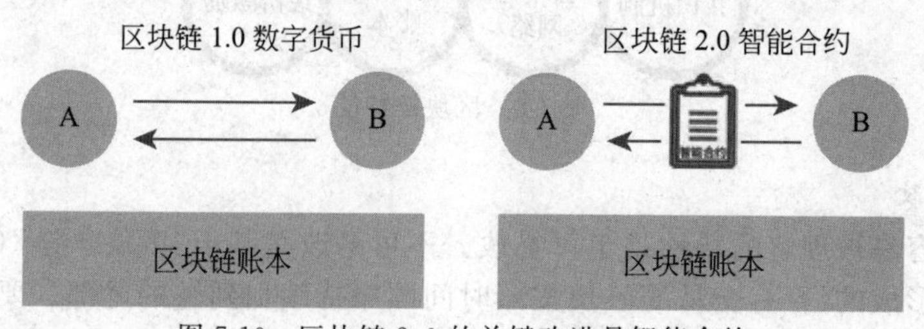


图 7-10 区块链 2.0 的关键改进是智能合约

智能合约的出现使得基于区块链的两个人不仅可以进行简单的价值转移，还可以设定复杂的规则，由智能合约自动、自治地执行，这极大地扩展了区块链的应用可能性。智能合约的执行流程如图 7-11 所示。

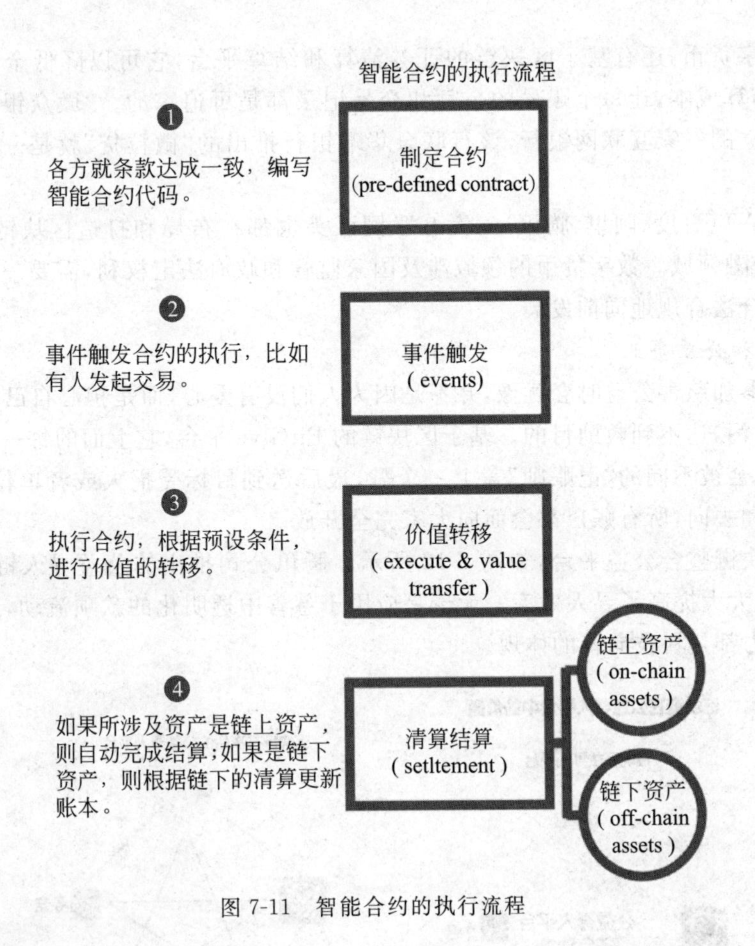


图 7-11　智能合约的执行流程

4. 去中心自组织

区块链的第四大特征是去中心自组织。到目前为止，主要区块链项目的自身组织和运作都与这个特征紧密相关。

所谓的去中心化，就是把原来属于中心化角色的权利分散化，用户之间能自由地进行点对点交易。比如，原来用户购物产生的数据，交由用户去管理，中心化的公司只能调取，无权查看；再比如商家的好坏，会全部由用户来决定，中心化的公司没有办法去做搜索排名，影响商家的销量等。

去中心化的好处体现在两个方面。一方面，大大提升了网络的安全性，比如，原来互联网中产生的数据都存储在中心节点，一旦黑客对此中心节点进行攻击便可摧毁整个网络中的数据。而去中心化后，因为网络是多节点维护，每个节点权利相等，哪怕一个节点出现问题，其他节点中都有备份，不会造成较大的信息安全影响。另一方面，中心化公司的权利被多节点分散，避免了数据垄断的出现，让用户的信息隐私得到有效保障。所以，区块链技术的去中心化，在某种程度上来说，是互联网世界的一项伟大创举。

## 五、区块链应用场景

1. 金融领域

比特币、以太币、以太坊这些数字货币都是区块链的产物，也可以算得上是目前区块链唯一刚需的应用场景。

除了数字货币，还有基于区块链的证券清算和结算平台，它可以降低金融机构间的对账、清算和结算成本，让每个账号的余额和交易记录都是可追踪的。“微众银行”是2016年腾讯牵头设立的一家互联网银行，该行联合华瑞银行推出的“微粒贷”就是一个区块链金融实践样本。

另外，BAT（百度、阿里、腾讯）三大互联网巨头也都在布局和打造区块链BaaS服务平台，应用于金融领域。数字货币的领域涉及国家监管和政府法定权利，需要一定的监管来保障技术有序合法合规地向前发展。

2. 慈善和公益事业

很多人参加慈善公益时会犹豫，并不是因为人们没有爱心，而是担心自己的捐款有没有被截留、被贪污，达不到救助目的。基于区块链的BitGive平台，它上面的每一笔捐款每经过一个节点，都会被不同的“记账师”盖上一个戳，最后送到目标受捐人或者单位。也就是说，捐款的使用和去向，所有账户都会面向大家完全开放。

通过区块链整合公益平台，如图7-12所示。腾讯公司推出的公益寻人链，实现了公益信息的共享，大大提高了寻人效率。无论是应用于慈善中透明化的款项流动，还是公益寻人中的赋能助力都是科技向善的体现。

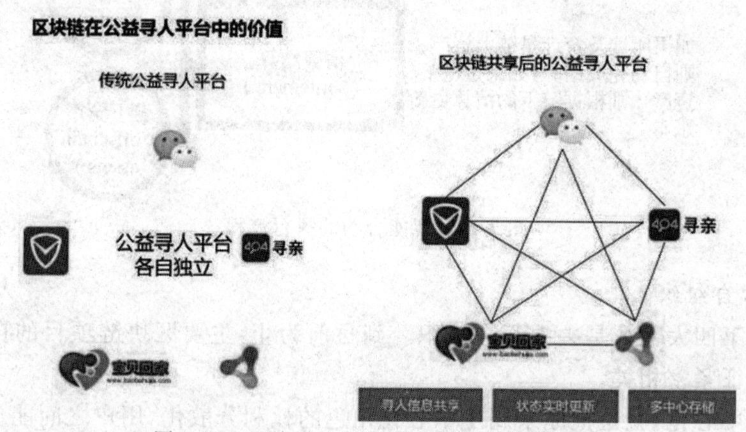


图7-12 区块链金融应用之腾讯公益寻人链

3. 公共服务领域

传统的公证高度依赖政府，但因为数据维度有限，很多历史数据信息链又没有被完整地记录和保存起来，公证机构往往无法获得完整有效的信息，不仅认证时间长、风险高，而且成本高、效率低。利用区块链建立不可篡改的数字化证明，就可以建立全新的认证机制，从而改善公共服务领域的管理水平。

电子合同完全数字化，环保、简单、容易保存和查询，但现在公司之间一般还是签订纸面合同，加盖公章，电子合同不被接受的一个很重要的原因是容易被篡改。一旦遇到法律纠纷，法律上无法将电子合同作为有效的证据，问题的关键在于当初双方签订的电子合同是否能被相互验证，任何一方的合同是不是初始的合同。

使用区块链技术可以保证电子合同的真实性。甲乙双方基于区块链平台，在同一份协议上加盖双方的电子印章，这份协议同时存储在甲乙双方的电子文件柜和一个公共的第三方文件柜中。一旦发生法律纠纷，可以通过对比其他两方保存的电子合同鉴别协议的真伪，任何一方篡改电子合同，其他两方经过双方验证会否定该合同的有效性。基于区块链技术的电子协议在存储、查询、对比的效率上要远高于纸面协议。

基于区块链技术的电子合同签订平台，除了签订协议的双方以外，经过授权，律师、主审法官、陪审团成员都能调用这些内容，查询有关数据的真实性，办公效率会更高。区块链存证和传统数据存证的对比情况如图 7-13 所示。

图 7-13　区块链存证和传统数据存证的对比情况

4. 供应链管理之“打假”

区块链的“数据不可篡改性”和“时间戳”保证了数据的真实性，使得数据的流通在交易各方之间是公开透明的，可以很好地解决供应链体系内各参与主体之间的纠纷，从而轻松实现举证与追责。相比前面的应用场景，供应链上的产品打假更能让人感受到区块链的应用价值。

通过区块链技术，消费者可以清楚地知道一个产品产生的过程，产品供应链上的每一个环节都能被记录、被查询，整个产品的数据链非常清晰，消费者就能更放心地购买使用产品。酒、食品和药品能自证清白，假货无藏身之地，也无须商品打假。目前，蚂蚁金服、海淘商品就基于此项技术实现了商品流通中的数据溯源，用支付宝扫一扫，就能知道产品是不是正品，原产地在哪里，是谁经销，经过哪些环节。京东和科尔沁牛业基于区块链技术合作实现了从牛肉养殖源头全程追溯的信息查询。美图也开始布局电商领域，用区块链技术解决美妆电商的正品问题。

未来企业都能基于区块链技术实现产品溯源和追踪，获得更高信誉。诚信经营，公平买卖成为必然的结果。

5. 娱乐领域

2018 年 1 月，网易基于区块链技术上线了一款类似以太坊“撸猫游戏”的“网易招财猫”宠物游戏项目，百度紧随其后出品了“百度莱茨狗”这个相似的区块链游戏。

这些游戏的共同特点首先都是用虚拟数字币来交易，其次是把游戏和交易的过程写进区块链。因为虚拟数字币的敏感性，导致这些游戏项目也面临一些监管风险。

除了网易、百度，参与区块链的互联网商家越来越多，比如迅雷推出了将用户闲置的宽带充分利用而建设的奖励机制——“链克”，暴风推出了在观看视频的同时赚取积分的“播酷云”。

6. 数字金融服务平台

全国多地发布区块链产业发展规划，构筑未来战略竞争优势。2020 年 10 月 29 日，成都市发布《成都市区块链应用场景供给行动计划(2020—2022 年)》，把区块链作为新经济技术领域主要突破口，构筑未来战略竞争优势。江苏、广东、广西、浙江等多个地方均出台了支持区块链发展的政策。通信行业研究人士认为，区块链产业已成为各地新的比武场，将催生数据市场新生态。

在区块链产业发展方面，广东已初步形成覆盖区块链全产业链条的产业技术图谱，提出了《广东省培育区块链与量子信息战略性新兴产业集群行动计划(2021—2025 年)》，到 2025 年，广东省区块链产业进入爆发期，可信数据服务网络基础设施基本完善，形成区块链技术和应用创新产业集群国际化示范高地。

《2020 中国区块链城市创新发展指数》报告显示，头部城市发展区块链优势明显，北京、深圳、上海、杭州、广州位列综合排名前五。单从政策排名来看，重庆、成都、贵阳等地对于区块链产业的政策支持居于全国前列。

## 六、区块链发展趋势

2020 年 4 月，国家发改委首次明确新基建范围，区块链被正式纳入其中。站上新基建风口，区块链发展进入一个新时期，迎来多行业场景布局和加速落地应用的新阶段。区块链发展已进入与产业深度融合的新阶段，产业区块链将是未来国内区块链最大的落地方向。

1. 企业对产业区块链长期看好

纵观区块链的发展，是一个从理想到现实的演化过程，也是一个从消费级区块链到产业级区块链的发展过程。产业区块链深度服务于社会生产的核心主体——企业，作为企业间的可信数据网络，区块链解决了传统中心化数据库在企业间无法产生信任的难题，解决了多方协作的信任问题，因而被越来越多的企业所接受和认可。

2020 年，《后疫情时期产业区块链发展状况调研报告》发布，报告中调研了近 350 家企业，包括区块链技术、生产制造、产业金融、金融机构、商贸流通、物流、供应链管理等 10 余种类型的行业。从调研数据来看，虽然疫情给产业区块链发展带来影响，但区块链技术在疫情防控和助力企业复工复产上发挥了重要作用，同时加速了产业区块链在许多领域的应用。疫情对企业的营收造成不同程度的影响，但仍有近七成受访企业表示不会减少区块链项目资金投入，其中有 20%的受访企业表示将加大区块链项目资金投入。

2. 区块链与新基建

随着区块链技术应用的显著加速，产业区块链赋能各行各业的价值也在迅速显现。产业区块链本质上是以技术创新为基础、数字金融为动力、经济社群为组织、产业应用为价值的四重创新融合而成的“新物种”。伴随相关利好政策的出台以及技术的成熟，将像交流电、自来水、互联网、云计算一样，产业区块链赋能各行各业的时代即将到来，成为各行各业普遍使用的新型基础设施。

随着新基建投资和政策利好的逐步释放，作为新基建的重要细分领域之一，区块链也将加速布局发展。一方面，联盟链、分布式存储、公链、行业链等底层平台建设速度将大大加快，市场格局将重塑，进而诞生出新的行业巨头。

另一方面，新基建本身也是“区块链＋”落地应用的重要领域，产业区块链将与 5G、物联网、人工智能、云计算等其他新基建领域深度融合，共同为实体产业的转型升级赋能。特别是在5G技术逐步普及和应用的背景下，区块链在提升数据要素价值方面的作用愈发明显。5G包括增强移动宽带、海量机器通信和超高可靠低时延通信三大方面，5G带来的高清语音、云游戏等改善了人们的生活，而后两者引发的物联网和工业互联网变革更能充分体现5G的真正价值。

5G将是产业区块链应用爆发的关键推手，海量机器接入互联网，改变互联网的基础性结构，也将极大丰富数据要素资源。区块链将以其先进的技术特性，促进物联网在数据确权、流转、分配、交易等方面的效率极大提升，这将推动5G和万物互联时代产业区块链应用的大规模爆发。

3. 规避风险，推进产业区块链健康发展的机遇和挑战

作为一个新兴的技术发展方向和产业发展领域，区块链受到广泛关注。产业区块链的应用正在加速，主要体现在以下两个方面。

第一，参与的主体越来越多。早先技术上都是以开源系统为代表，多是面向消费者的开源项目，而现在已经增加了很多面向产业、企业特点的项目；同时，越来越多的互联网巨头、高科技企业等开始进入这一领域，说明产业区块链时代已经来临。

第二，金融创新提供了更大空间。区块链的出现降低了信任门槛和变现成本，让之前无法实现的一些金融和贸易场景得以实现，这样就可以衍生出一些新的金融形态。

区块链因其去中心化、难篡改的特性，成为一个由技术驱动并深刻影响经济、金融、社会、组织形态及治理的综合课题。另外，区块链技术在系统稳定性、应用安全性、业务模式等方面尚未完全成熟，对上链数据的隐私保护、存储能力等提出了要求。

当前区块链产业已经涉及IT、通信、安全、密码学等诸多技术领域，区块链产业的发展需要的是一种复合型人才，这对人才培养、学校教育等提出了新的挑战。

## 学习自评

### 一、填空题

1. 信息安全的五个基本要素，即需保证信息的________、________、________、________、________。

2. 网络安全是指网络系统的________及其系统中的________受到保护，不因偶然的或者恶意的原因而遭受到________、________、________，系统连续可靠正常地运行，网络服务不中断。

3. 我国信息系统的安全保护等级分为________，关系到________的极端重要系统属于________保护，需要按业务特殊安全需求保护、专门监督检查。

4. 2021年9月1日起，________正式实施，这表明数据作为一种新型的、独立的保护对象已经获得我国立法上的认可，标志着我国在数据安全领域有法可依，为各行业数据安全提供监管依据。

5. 网络攻击形式主要分________、________、________、________。

6. 目前网络安全技术可分为________、________、________、________和________等。

7. ________是一种在内部与外部网络的中间过程中发挥作用的防御系统，具有安全防护的价值与作用。

8. 公安部推出________能精准预防网络电信诈骗。

9. 区块链的四个基础特征分别是________、________、________、________。

10. 区块链技术的________,在某种程度上来说,是互联网世界的一项伟大创举。

## 二、选择题

1. 如果你接到自称是淘宝客服打来的电话,说你的订单有问题,并且对方能准确说出你的姓名和订单号等详细信息,要求你按照制定操作进行退款,正确的应对方法是(　　)。

A. 按照对方指示操作,解决订单退费的问题

B. 对于陌生号码一律不转账和不告知个人隐私

2. 如果手机不小心弄丢了,之前手机已经绑定了微信、支付宝、银行卡,为了保护自己的财产信息,正确的应对方法是(　　)。

A. 手机丢了自认倒霉,什么都不做

B. 立即挂失手机号并且冻结手机网银,解绑与手机号绑定的支付宝、微信等支付账户

C. 立即更换手机号码,重新注册微信、支付宝账号

3. (　　)就是利用技术手段切断主机与互联网的链接。一般应用在银行以及政府系统中,优点是隔离效果明显,缺点是传输效率低,技术耗费大。

A. 物理隔离　　B. 逻辑隔离　　C. 防病毒技术　　D. 防火墙技术

4. 人工智能中的推荐算法应用在给政治、经济、社会发展注入新动能的同时,算法歧视、"大数据杀熟"、诱导沉迷等算法不合理应用导致的问题也深刻影响着国民生活。2022年1月初,国家互联网信息办公室、工业和信息化部、公安部、国家市场监督管理总局联合发布(　　),该规定旨在规范互联网信息服务算法推荐活动,维护国家安全和社会公共利益,保护公民、法人和其他组织的合法权益。

A.《网络安全法》

B.《数据安全法》

C.《互联网信息服务算法推荐管理规定》

D.《个人信息保护法》

5. (　　)技术是比特币的关键技术。

A. 5G　　B. 传感器技术　　C. 人工智能技术　　D. 区块链技术

## 三、实践操作题

下载安装"国家反诈中心"App,并进行真实身份验证。

# 学习情境八

# 工业互联网

## 情境导入

回溯中国互联网二十余年的发展历程，互联网技术在电商、社交、搜索、资讯、共享经济、本地生活等诸多领域都取得了成功。在这些领域，互联网技术适用的业务内容和商业模式可谓千姿百态，但究其本质，其发挥的价值主要体现在"连接"上，即人与人的连接，人与信息的连接，人与商品和服务的连接，从而解决信息不对称的问题，这是传统的消费互联网模式。消费互联网时代涌现了大批的新型创业公司，人们熟知的BAT(百度、阿里、腾讯)三大巨头，便是消费互联网时代涌现出来的科技型公司。消费互联网时代改变了人们很多生活和工作习惯：足不出户，通过手机便可以预定外卖；双方无须见面，便可以进行远程视频电话沟通等。

随着第四次工业革命的来临，社会进入了一个全新的时代，传统企业的生产模式已无法适应人民日益增长的个性化产品定制需求，从而倒逼企业进行组织、生产、销售模式上的变革，推动企业向数字化、网络化、信息化、智能化方向发展。企业内的各类设备、工序、产品、人员等作为重要的生产要素被提升到了一个全新的高度，万物互联的物联网技术让企业不再作为一个孤立的单元存在，而是作为与消费者零距离、全流程参与的角色被纳入互联网的节点之中。如图8-1所示，企业生产车间的机器人不再仅仅是一个运动的机器，通过外置传感器、加装通信模组的方式，实现了机器人数据的动态、实时采集，通过计算机便可以了解远在千里之外的机器人工作状态。工业互联网相比消费互联网，不仅实现了传统点对点的信息连接，更实现了让设备开口说话，融万物于互联网的物联网范畴之中。

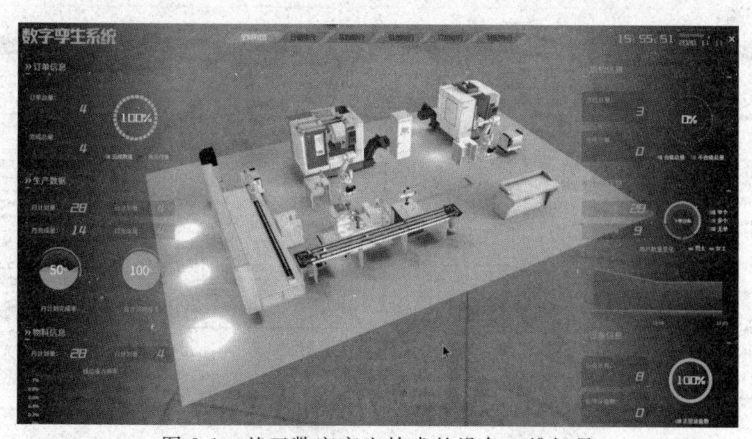


图8-1　基于数字孪生技术的设备三维场景

## 情境导入

几年前，某企业的加工中心正在连续生产，一旁的设备管理员小张却愁眉不展。下个月的订单交期很紧，小张担心设备会不会正常运转，需不需要停下生产进行设备检修，以保证设备不会出现宕机的情况。现在，小张每天的工作就是坐在办公桌的计算机前，通过鼠标单击几下如图 8-2 所示的设备智慧物联平台，设备的使用率、健康率、运行情况等一目了然。另外，系统还会弹出设备检修的提示，例如，1 个月后请对罐装设备进行停机检修。系统平台会根据设备的运转情况，主动推送维保信息，小张再也不用为设备何时停机检修而发愁。这便是工业互联网的力量，它的存在简化了传统的工作流程，改变了原先的生产方式。

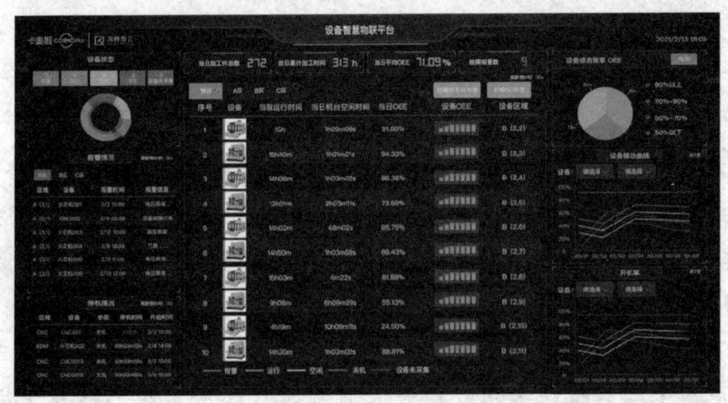


图 8-2 工业互联网中设备运行监控系统

## 情境解析

让设备开口说话，获取加工过程中所需要的数据信息，这涉及工业互联网技术。基于“端、边、云”的设备数据采集及应用体系架构如图 8-3 所示。传感器、边缘网关、工业网络、云平台技术等实现设备运行中的数据采集，运行信息化的手段及算法模型，根据设备以往的故障频度及当前故障、运行状态，预测出设备在什么样的时间点会出问题，从而将设备可能出现故障的时间点提前推送到工程师手中，工程师提前安排，在停机间歇期完成设备的检修及保养工作，从而避免因设备意外宕机带来的生产延误，保障订单的顺利交付。

工业互联网概况

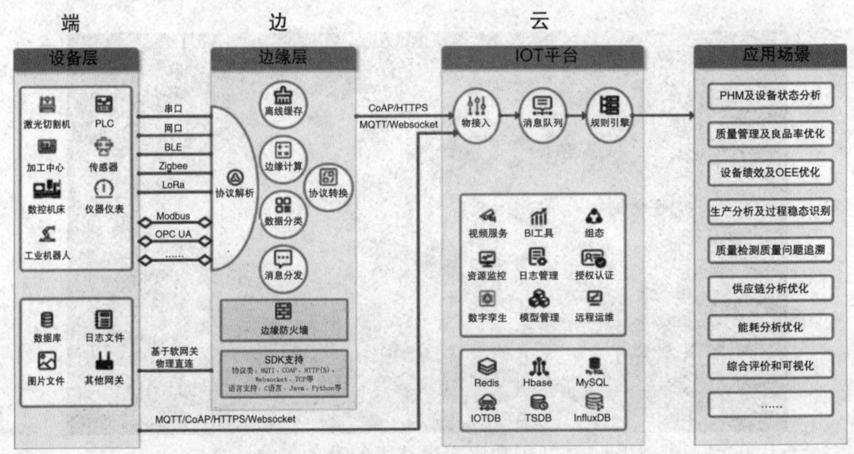


图 8-3 设备数据采集及应用体系架构

## 学习目标

学习情境八包括四个学习任务，其知识(Knowledge)目标，思政(Political)案例以及创新(Innovation)目标和技能(Skill)如表 8-1 所示。

**表 8-1　本章学习重点内容 KPI+S**

| 序号 | 学习章节 | 学习重点内容 KPI+S | | | |
|---|---|---|---|---|---|
| | | 知识目标 | 思政案例 | 创新目标 | 技能 |
| 1 | 工业互联网的孕育、发展 | 理解工业互联网与消费互联网的关系 | 《关于深化"互联网+先进制造业"发展工业互联网的指导意见》 | 工业互联网的创新应用场景 | — |
| 2 | 工业互联网体系 | 工业互联网体系架构 1.0 及 2.0 | — | — | — |
| 3 | 工业互联网平台 | 工业互联网平台的功能及架构 | 青岛打造世界工业互联网之都 | 了解工业互联网平台的能力及应用模式 | 边缘网关配置 |
| 4 | 工业互联网助力数字化转型 | 工业互联网的应用案例 | 中国制造 2025 | — | — |

## 知识导图

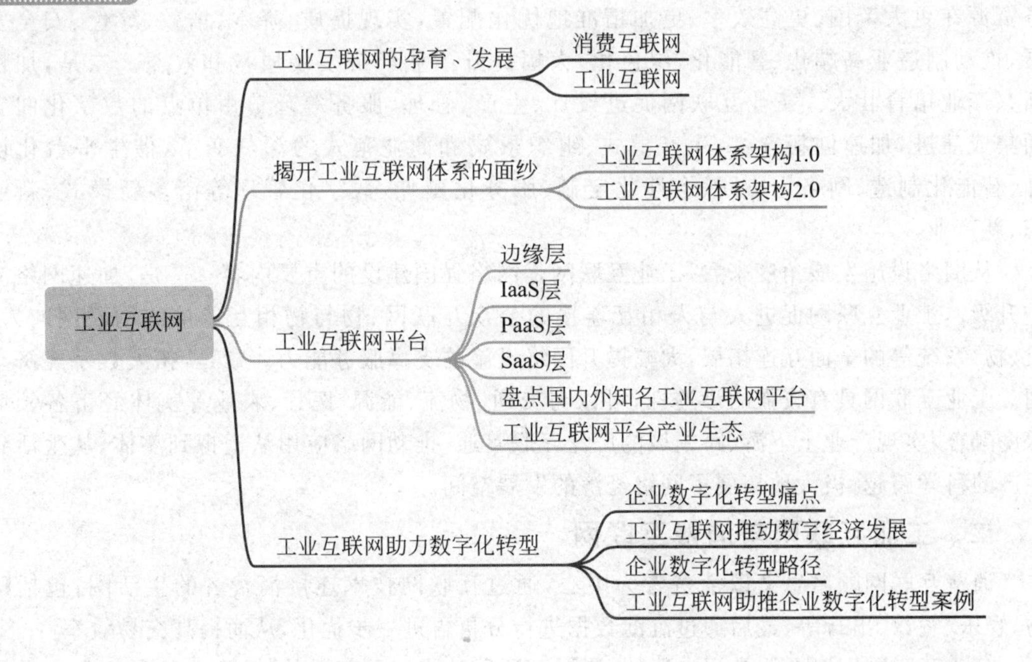

# 学习任务一　工业互联网的孕育与发展

## 一、工业互联网的孕育、发展

2012年11月26日，通用电气（简称GE）发布白皮书《工业互联网：打破智慧与机器的边界》，首次提出工业互联网的概念。GE的CEO杰夫·伊梅尔特认为，"互联网改变了我们利用信息和沟通的方式，如今，互联网还能做更多事情。通过智能机器间的连接，结合软件和大数据分析，我们可以突破物理和材料化学的限制，改变世界的运行方式。"。

工业互联网（Industrial Internet）是新一代信息通信技术与工业经济深度融合的新型基础设施、应用模式和工业生态，通过对人、机、物、系统等的全面连接，构建起覆盖全产业链、全价值链的全新制造和服务体系，为工业乃至产业数字化、网络化、智能化发展提供了实现途径，是第四次工业革命的重要基石。

工业互联网不是互联网在工业的简单应用，而是具有更为丰富的内涵和外延。它以网络为基础、平台为中枢、数据为要素、安全为保障，既是工业数字化、网络化、智能化转型的基础设施，也是互联网、大数据、人工智能与实体经济深度融合的应用模式，同时也是一种新业态、新产业，将重塑企业形态、供应链和产业链。

近年来，新一轮科技革命和产业变革快速发展，互联网由消费领域向生产领域快速延伸，工业经济由数字化向网络化、智能化深度拓展，互联网创新发展与新工业革命形成历史性交汇，催生了工业互联网。

从工业经济发展角度看，工业互联网为制造强国建设提供关键支撑。一是，推动传统工业转型升级。通过跨设备、跨系统、跨厂区、跨地区的全面互联互通，实现各种生产和服务资源在更大范围、更高效率、更加精准地优化配置，实现提质、降本、增效、绿色、安全发展，推动制造业高端化、智能化、绿色化，大幅提升工业经济发展质量和效益。二是，加快新兴产业培育壮大。工业互联网促进设计、生产、管理、服务等环节由单点的数字化向全面集成演进，加速创新方式、生产模式、组织形式和商业范式的深刻变革，催生平台化设计、智能化制造、网络化协同、个性化定制、服务化延伸、数字化管理等诸多新模式、新业态、新产业。

从网络设施发展角度来看，工业互联网是网络强国建设的重要内容。一是，加速网络演进升级。工业互联网促进人与人相互连接的公众互联网、物与物相互连接的物联网向人、机、物、系统等的全面互连拓展，大幅提升网络设施的支撑服务能力。二是，拓展数字经济空间。工业互联网具有较强的渗透性，可以与交通、物流、能源、医疗、农业等实体经济各领域深度融合，实现产业上下游、跨领域的广泛互联互通，推动网络应用从虚拟到实体、从生活到生产的科学跨越，极大地拓展了网络经济的发展空间。

## 二、工业互联网与消费互联网

消费互联网顾名思义以消费者为中心，通过互联网技术连接消费者的生活圈，包括购物、娱乐、餐饮、出行等，最后通过沉淀数据进行分析再进一步优化，从而提高交易效率。

工业互联网则以企业为用户群体，通过互联网技术以及工业软件、专业信息把企业在生产、管理、销售等各个环节的行为全面数据化，再利用物联网技术、大数据技术等新一代信息技术将每个环节连接起来，进行优化，它降低了企业的生产成本，提高了生产效率，同时帮助企业进一步挖掘潜力。

与消费互联网相比，工业互联网有着诸多本质上的不同。

1. 面向的对象不同

消费互联网面向人，服务于消费者，场景相对简单，它的商业模式以聚集人气为目的，补贴圈地，靠流量变现和广告实现盈利；工业互联网面向物，服务于企业，是细分市场，在垂直领域精耕细作，对于行业知识的要求非常高，工业互联网连接人、机、物、系统以及全产业链、全价值链，连接数量远超消费互联网，场景更为复杂。

2. 建设思路不同

消费互联网是先建平台，从上到下；工业互联网相反，是从下到上的，从车间开始，要进行自动化改造，再到企业数字化，逐渐做到云端。

3. 对网络性能要求不同

工业互联网直接涉及工业生产，对网络性能要求特别高，对时延的敏感性、安全性、可靠性等方面的要求，都远超对消费互联网的要求。

4. 通用性和个性化问题

消费互联网是全球联网，终端主要是计算机和手机，对使用者的要求不高。工业互联网中的应用更多的是在企业内部联网，不过工业互联网的终端多样且碎片，整个网络流程比较复杂，需要和生产过程紧密关联，个性化较为明显。消费互联网运营商作为主体建网，互联网企业开发应用，在产业链中已经拉通；而工业互联网从互联网到企业内网到边缘计算、云计算，再到后台的大数据分析、人工智能的决策以及外网的链接，不是单个企业能主导完成的，需要信息技术企业与垂直行业企业紧密合作，其中垂直行业企业要发挥主要作用。

5. 数据应用不同

工业互联网比消费互联网更加关注数据，只有把企业从底层到上层的数据全部打通和盘活，才能真正发挥数据作为生产要素的作用。这不是简单的技术问题，还是个管理问题。因此，工业互联网的推进还涉及企业流程再造。

## 三、国家对发展工业互联网的指导意见

2017 年 11 月 28 日，国务院印发《关于深化“互联网＋先进制造业”发展工业互联网的指导意见》(以下简称《意见》)指出，要深入贯彻落实党的十九大精神，以全面支撑制造强国和网络强国建设为目标，围绕推动互联网和实体经济深度融合，聚焦发展智能、绿色的先进制造业，构建网络、平台、安全三大功能体系，增强工业互联网产业供给能力，持续提升我国工业互联网发展水平，深入推进“互联网＋”，形成实体经济与网络相互促进、同步提升的良好格局，有力推动现代化经济体系建设。

国家提出工业互联网发展的三个阶段性目标：到 2025 年，覆盖各地区、各行业的工业互联网网络基础设施基本建成，工业互联网标识解析体系不断健全并规模化推广，基本形成具备国际竞争力的基础设施和产业体系；到 2035 年，建成国际领先的工业互联网网络基础设施和平台，工业互联网全面深度应用并在优势行业形成创新引领能力，重点领域实现国际领先；到 21 世纪中叶，工业互联网创新发展能力、技术产业体系以及融合应用等全面达到国际先进水平，综合实力进入世界前列。

国家明确了建设和发展工业互联网的几个主要任务：一是，夯实网络基础，推动网络改造升级提速降费，推进标识解析体系建设。二是，打造平台体系，通过分类施策、同步推进、动态调整，形成多层次、系统化的平台发展体系，提升平台运营能力。三是，加强产业支撑，加大关键共性技术攻关力度，加快建立统一、综合、开放的工业互联网标准体系，提升产品与解决方案供给能力。四是，促进融合应用，提升大型企业工业互联网创新和应用水平，加快中小企业工业互联网应用普及。五是，完善生态体系，建设工业互联网创新中心，有效整合高校、科研院所、企业创新资源，开展工业互联网产学研协同创新，构建企业协同发展体系，形成中央地方联动、区域互补的协同发展机制。六是，提升安全防护能力，建立数据安全保护体系，推动安全技术手段建设。七是，推动开放合作，鼓励国内外企业跨领域、全产业链紧密协作。《意见》还部署了7项重点工程：工业互联网基础设施升级改造工程、工业互联网平台建设及推广工程、标准研制及试验验证工程、关键技术产业化工程、工业互联网集成创新应用工程、区域创新示范建设工程、安全保障能力提升工程。

国家为工业互联网快速发展提供支撑保障：①建立健全法规制度，扩大市场主体平等进入范围，实施包容审慎监管，营造良好市场环境；②重点支持网络体系、平台体系、安全体系能力建设，加大财税支持力度；③支持扩大直接融资比重，创新金融服务方式；④强化专业人才支撑，创新人才使用机制；⑤健全组织实施机制，促进工业互联网与"中国制造2025"协同推进。

## 四、工业互联网的应用场景

工业互联网的出发点是利用互联网的孪生核心技术——计算和通信网络技术把实体(包括传感器、产品和装备等)、信息系统、业务流程和人员连接起来，从中收集大量的数据；利用数据分析和人工智能等技术，实现对物理世界的实时状态感知，在信息空间通过计算做出最佳决策，动态优化资源的使用；其最终目的是创造新的经济成效和社会价值。

制造行业的发展差异大，需要专业的垂直行业解决方案；工业互联网平台的专业性强，每个行业和企业单独搭建的难度大，建设调期长。解决这个矛盾的有效路径是采用"综合性平台＋垂直化行业"的解决方案，共享平台能帮助行业企业共享工业互联网的技术红利，快速构建深度的行业解决方案。

工业互联网综合性平台的跨行业服务能力是判断其发展水平的重要标准。从全球工业互联网发展的总体情况来看，工业互联网的应用领域正从单个设备、单个工艺、单个企业向全要素、全产业链、全生命周期拓展，应用场景日趋丰富。当前工业互联网平台初步形成四大应用场景。

### 1. 面向工业现场的生产过程优化

工业互联网平台能够聚焦在设备、产线、车间等工业现场，有效采集和汇聚设备运行数据、工艺参数、质量检测数据、物料配送数据和进度管理数据等生产现场数据，通过对实时生产数据的分析与反馈对在制造工艺、生产流程、质量管理、设备维护和能耗管理五个具体场景中实现优化应用。

(1) 在制造工艺场景中，工业互联网可对工艺参数、设备运行等数据进行综合分析，找出生产过程中最优参数，提升制造品质。

(2) 在生产流程场景中，通过平台对生产进度、物料管理、企业管理等数据进行分析，提升排产、进度、物料、人员等方面管理的准确性。

(3) 在质量管理场景中，工业互联网基于产品检验数据和“人、机、料、法、环”等过程数据进行关联性分析，实现在线质量检测和异常分析，降低产品的不良率。

(4) 在设备维护场景中，工业互联网平台结合设备历史数据与实时运行数据，构建数字孪生，及时监控设备运行状态，并实现设备预测性维护。

(5) 在能耗管理场景中，基于现场能耗数据与分析，对设备、产线、场景能效使用进行合理规划，提高能源使用效率，实现节能减排。

2. 面向企业运营的管理决策优化

借助工业互联网平台可打通生产现场数据、企业管理数据和供应链数据，提升决策效率，并基于大数据挖掘分析实现管理决策优化，从而实现更加精准与透明的企业管理。

(1) 在供应链管理场景中，工业互联网平台可以实时跟踪现场物料消耗，结合库存情况安排供应商进行精准配货，实现零库存管理，有效降低库存成本。

(2) 在生产管控一体化场景中，基于工业互联网平台进行业务管理系统和生产执行系统集成，实现企业管理和现场生产的协同优化。

(3) 在企业决策管理场景中，工业互联网通过对企业内部数据的全面感知和综合分析，有效支撑企业的智能化预测。

3. 面向社会化生产的资源优化配置与协同

工业互联网可实现制造企业与外部用户需求、创新资源、生产能力的全面对接，通过数据分析推动设计、制造、供应和服务环节的并行组织和协同优化。

(1) 在协同制造场景中，工业互联网平台通过有效集成不同设计企业、生产企业及供应链企业的业务系统，实现设计、生产的并行实施，大幅缩短产品研发设计与生产周期，降低成本。

(2) 在制造能力交易场景中，工业企业通过工业互联网平台对外开放空闲制造能力，实现制造能力的在线租用和利益分配。

(3) 在个性化定制场景中，工业互联网平台实现企业与用户的无缝对接，形成满足用户需求的个性化定制方案，提升产品价值，增强用户黏性。

4. 面向产品全生命周期的管理与服务优化

从产品全生命周期流程入手，工业互联网平台可以将产品设计、生产、运行和服务数据进行全面集成管理和优化应用，以全生命周期可追溯为基础，在设计环节实现可制造性预测，在使用环节实现健康管理，并通过生产与使用数据的反馈改进产品设计。

(1) 在产品溯源场景中，工业互联网平台借助标识技术记录产品生产、物流、服务等各类信息，综合形成产品档案，为全生命周期管理应用提供支撑。

(2) 在产品与装备远程预测性维护场景中，将产品与装备的实时运行数据与其设计数据、制造数据、历史维护数据进行融合，提供运行决策和维护建议，实现设备故障的提前预警、远程维护等设备健康管理应用。

(3) 在产品设计反馈优化场景中，工业互联网平台可以将产品运行和用户使用行为数据反馈到设计和制造阶段，从而改进设计方案，加速创新迭代，如图 8-4 所示。

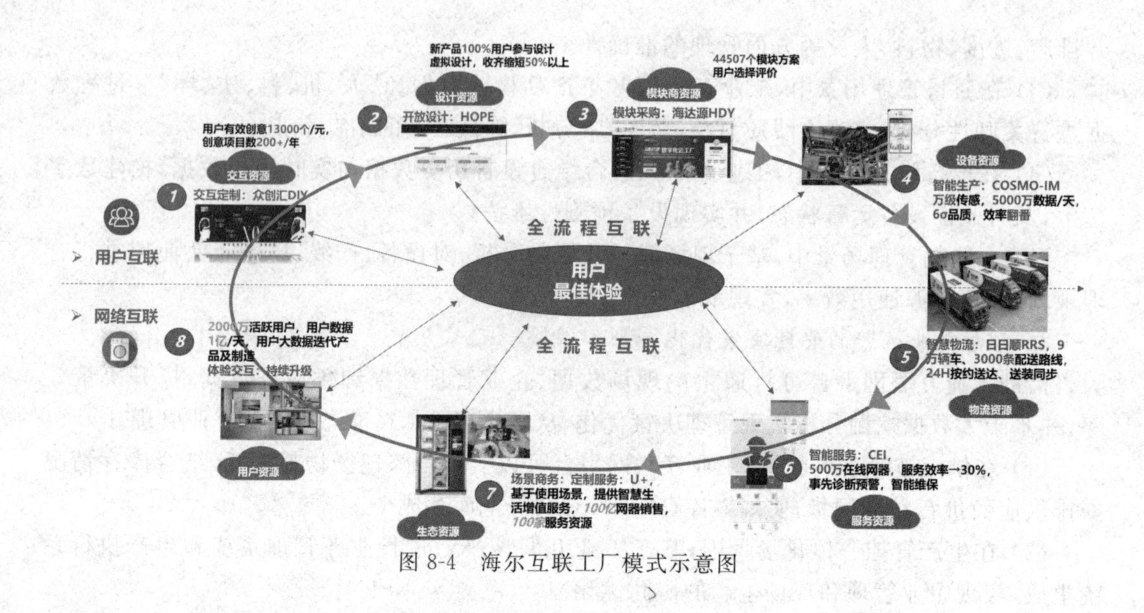


图 8-4　海尔互联工厂模式示意图

# 学习任务二　揭开工业互联网体系的面纱

工业互联网的核心是基于全面互联而形成的数据驱动的智能化工业生产网络平台。工业系统互联互通及工业数据传输交换的基础是网络，网络包含网络互联体系、标识解析体系和应用支撑体系。平台是工业互联网核心，平台实现了资源聚集、开放共享，工业知识经验及技术通过平台进行沉淀和迭代。安全是保障工业生产及应用的安全，包括设备安全、网络安全、控制安全、数据安全、应用安全等，能够抵御内外部的威胁和攻击，降低企业数据未授权状态下的侵入访问，确保数据传输及存储的安全性。中国工业互联网体系的发展经历了1.0时代和2.0时代。

## 一、工业互联网1.0体系架构

工业互联网1.0体系架构(以下简称“1.0架构”)在2016年由工业互联网产业联盟联合国内众多龙头企业级科研院所联合编制发布。

### 1. 工业互联网业务需求

工业互联网是由“工业”和“互联网”两个词组成。“工业”代表了工业属性，“互联网”表明这仍然是基于传统互联网应用的延伸，具备互联网的属性，所以说工业互联网的业务需求可以从工业和互联网两个视角进行分析，如图8-5所示。

从工业视角看。工业互联网与企业生产系统的各个环节都有关系，从底层的生产控制系统一直延伸到企业上层的大型应用软件，如ERP(企业资源管理系统)、PLM(产品全生命周期管理)等。由内及外，通过信息技术手段，实现设备与设备之间、设备与系统之间、系统与系统之间、供应链企业上下游之间的实时对接与智能交互，从而带动企业商业活动的总体优化。工业视角的业务需求涵盖工业体系的各个层面的优化，包括如泛在物联、数据集成、实时在线、精准控制、供应链协同、供需匹配等业务需求。

从互联网视角看。工业互联网主要表现在由于商业系统的不断迭代而带来的企业生产及制造系统的智能化、柔性化，从价值环节的各个节点来看，包括设计、营销、采购、制造、售

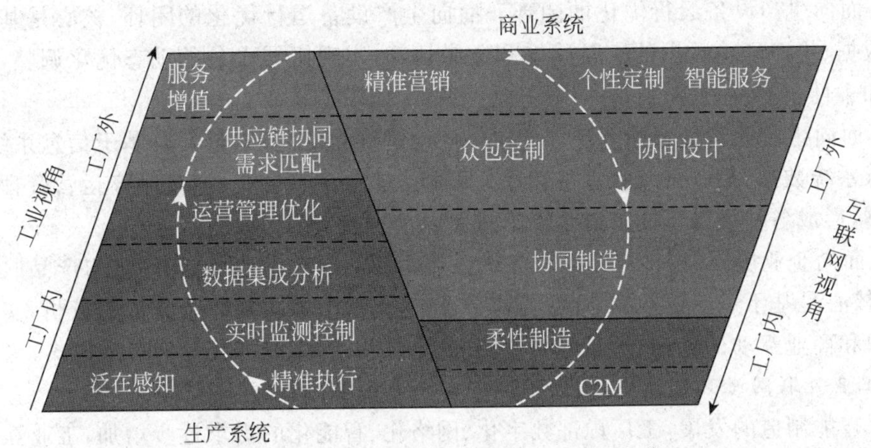


图 8-5 工业互联网 1.0 体系两种视角的解构

后、物流、运营等不同环节，都在互联网范式下的新模式及新业态的影响下不断发生智能化的变革。互联网业务需求包括个性化定制、智能化服务、协同设计、协同制造等。这是传统互联网时代无法带来的产业效应，工业与互联网的结合产生了神奇的化学反应，催生了新的商业模式，带领企业进入了一个崭新的工业互联网时代。

2. 1.0 体系中构建的三大优化闭环

工业互联网 1.0 体系架构的核心要素是网络、数据和安全，基于此面向工业智能化构建的三大优化闭环如图 8-6 所示。

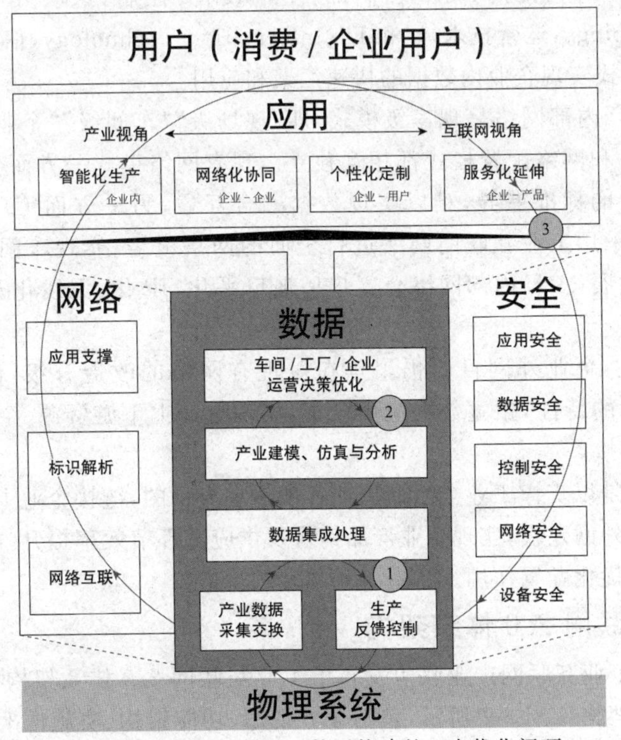


图 8-6 工业互联网 1.0 体系构建的三大优化闭环

(1) 面向生产设备运行优化的闭环。面向生产设备运行优化的闭环，核心是基于对机器操作数据、生产环境数据的实时感知和边缘计算，实现机器设备的动态优化调整，构建智能机器和柔性生产线。

(2) 面向生产运营优化的闭环。面向生产运营优化的闭环，核心是基于信息系统数据、制造执行系统数据、控制系统数据的集成处理和大数据建模分析，实现生产运营管理的动态优化调整，形成各种场景下的智能生产模式。

(3) 面向企业协同、用户与产品服务优化的闭环。面向企业协同、用户与产品服务优化的闭环，核心是基于供应链数据、用户需求数据、产品服务数据的综合集成与分析，实现企业资源组织和商业互动的创新，形成网络化协同、个性化定制、服务化延伸等新模式。

3. 工业互联网 1.0 体系中的内外网

随着智能制造的发展，工厂内部数字化、网络化、智能化的需求逐步增加，工业互联网呈现出以三类企业主体、七类互联主体构成的多种互联类型为特点的互联体系。

三类企业主体包括工业制造企业、工业服务企业和互联网企业，这三类企业的角色不断渗透、相互转换。七类互联主体包括在制品、智能机器、工厂控制系统、管理软件、工厂云平台、智能产品、工业互联网应用。工业互联网将互联主体从传统的自动化控制进一步扩展到产品全生命周期的各个环节。互联类型包括了七类互联主体之间复杂多样的互联关系，成为链接设计能力、生产能力、商业能力及用户服务的复杂网络系统。基于此类业务需求，催生工厂网络发生新变革。

工业互联网网络体系包含企业内网和企业外网两大类。

(1) 企业内网。企业内网聚焦在制品、生产设备、控制系统、人等各类资源在 OT (Operation Technology，运营技术)层和 IT(Information Technology，信息技术)层的互联，通过有线或无线方式实现企业内数据的快速汇聚和应用。

目前来看，工厂内部网络呈现三级模式，即“现场级”“车间级”“企业级”三个层次。每层之间的管理策略和网络配置模式都相互独立。现有网络模式一方面会导致控制系统网络与信息系统网络的标准差异，难以实现数据融合互通；另一方面工厂生产还存在很多“信息死角”，需要采用工业互联网网络进行全面的网络覆盖，实现车间数据的全面互联。为适应智能化的发展，工厂内部网络会逐步呈现扁平化、IP 化、无线化及灵活组网的发展趋势。

(2) 企业外网。企业外网目前仍聚焦在对现有网络的改造升级，借助 5G 网络低延时、高带宽、高容量的特性，拓宽数据应用场景，实现企业上下游资源、企业与智能产品、企业与用户之间的链接。

企业外网主要是以支撑工业全生命周期各项活动为目的，链接企业上下游资源，实现数据共享。通过企业外网建设，实现企业产品销售及供应链环节效率提升，加强在工业生产全生命周期中的资源优化配置作用。

## 二、工业互联网 2.0 体系架构

2020 年 4 月，工业互联网产业联盟发布了工业互联网 2.0 体系架构(以下简称“2.0 架构”)白皮书。2.0 架构如图 8-7 所示，包括业务视图、功能架构、实施框架三大板块，形成以商业目标和业务需求为牵引，进而明确系统功能定义与实施部署方式的设计思路，自上向下层层细化和深入。

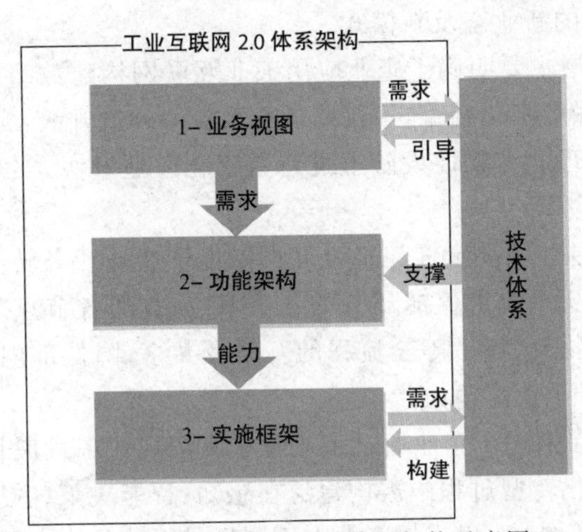


图 8-7　工业互联网 2.0 体系架构示意图

1．业务视图

业务视图包括产业层、商业层、应用层、能力层四个层次，如图 8-8 所示。其中，产业层主要定位于产业整体数字化转型的宏观视角。商业层、应用层和能力层则定位于企业数字化转型的微观视角。四个层次自上而下来看，实质是产业数字化转型大趋势下，企业如何把握发展机遇，实现自身业务的数字化发展并构建关键数字化能力；自下而上来看，实际也反映了企业不断构建和强化的数字化能力将持续驱动其业务乃至整个企业的转型发展，并最终带来整个产业的数字化转型。

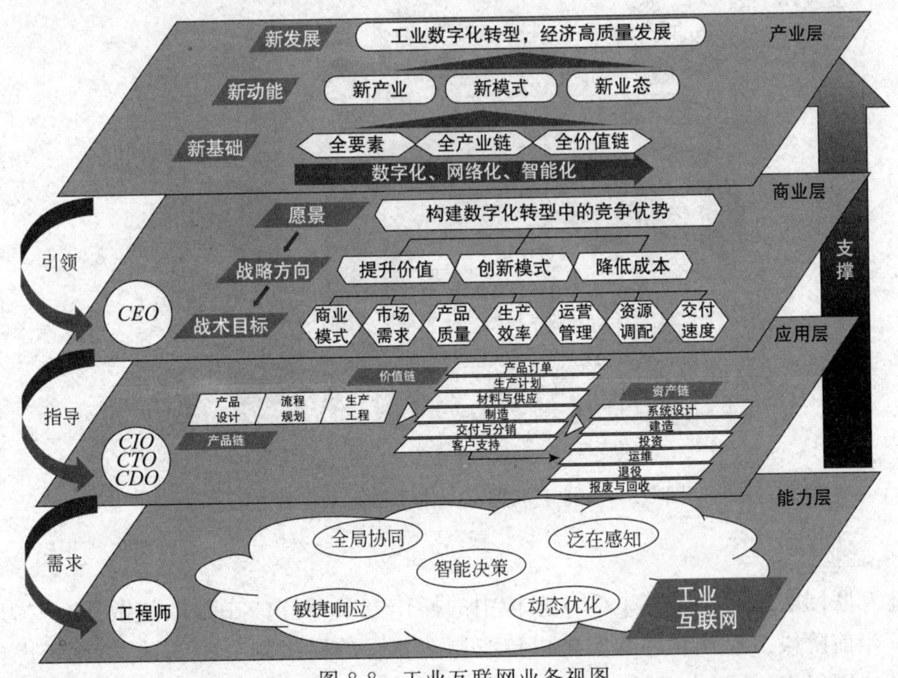


图 8-8　工业互联网业务视图

（1）产业层。产业层主要阐释了工业互联网在促进产业发展方面的主要目标、实现路径与支撑基础。工业互联网带来的巨大冲击，改变了企业现有的商业模式和形态，形成了全新的以用户体验为中心的新业态及新模式。

(2) 商业层。商业层主要明确了企业应用工业互联网构建数字化转型竞争力的愿景和理念、战略方向。企业做数字化转型,不仅要进行设备的改造升级,实现自动化;更需要在组织架构、市场需求、经营理念等软性设施上进行数字化改造升级,实现以数据决策为支撑的新范式。

(3) 应用层。应用层主要明确了工业互联网赋能于企业业务转型的重点领域和具体场景。工业互联网需贯穿于企业价值链环节的各个节点,打通各节点之间的隔阂,实现研发、设计、营销、采购、生产、物流、售后等全流程的互联及共享,降低部门间的沟通成本,加速产品研发及迭代周期,提升企业竞争力。

(4) 能力层。能力层描述了企业通过工业互联网实现业务发展目标所需构建的核心数字化能力。企业在数字化转型过程中需构建泛在感知、智能决策、敏捷响应、全局协同、动态优化五类工业互联网核心能力,以支撑企业在不同场景下的具体应用实践。

2. 功能架构

工业互联网的核心功能原理是基于数据驱动的物理系统与数字空间全面互联与深度协同,以及在此过程中的智能分析与决策优化。如图 8-9 所示,通过网络、平台、安全三大功能体系构建,工业互联网 2.0 全面打通设备资产、生产系统、管理系统和供应链条,基于数据整合与分析实现 IT 与 OT 的融合和三大体系的贯通。工业互联网以数据为核心,数据功能体系主要包含感知控制、数字模型、决策优化三个基本层次,以及一个由自下而上的信息流和自上而下的决策流共同构成的工业数字化应用优化闭环。

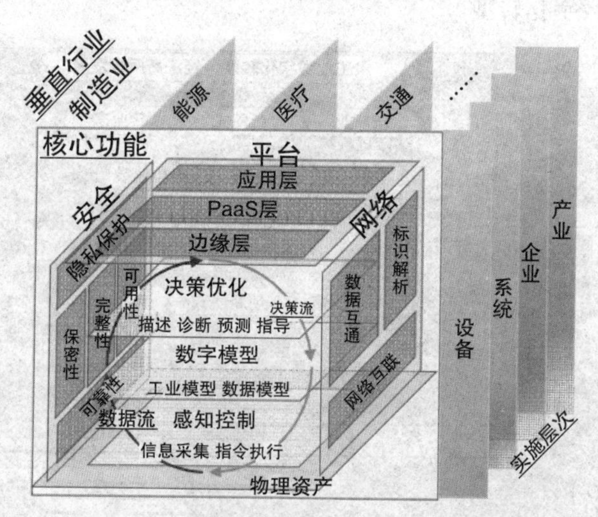


图 8-9 工业互联网 2.0 体系功能原理示意图

3. 实施框架

工业互联网实施框架是整个 2.0 架构中的操作方案,解决"在哪做""做什么""怎么做"的问题。当前阶段工业互联网的实施以传统制造体系的层级划分为基础,适度考虑未来基于产业的协同组织,按照设备层、边缘层、企业层、产业层四个层级开展系统建设,指导企业整体部署,如图 8-10 所示。

(1) 设备层。设备层对应工业设备、产品的运行和维护功能,关注设备底层的监控优

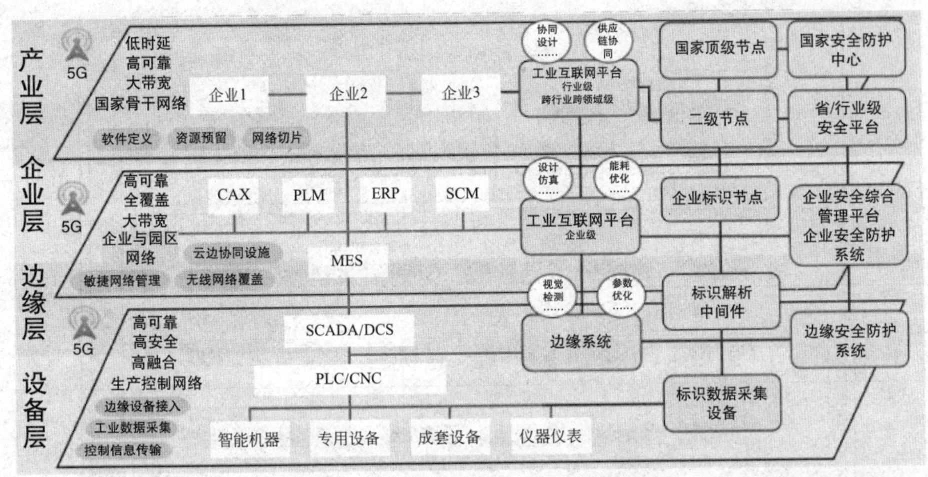


图 8-10　工业互联网实施框架总体视图

化、故障诊断等应用。

（2）边缘层。边缘层对应车间或生产线的运行维护功能，关注工艺配置、物料调度、能效管理、质量管控等应用。

（3）企业层。企业层对应企业平台、网络等关键能力，关注订单计划、绩效优化等应用。

（4）产业层。产业层对应跨企业平台、网络和安全系统，关注供应链协同、资源配置等应用。

2.0 架构作为一套数字化转型的系统方法论，对垂直行业工业互联网应用推广和实施落地具有较好的引领指导作用。各垂直行业企业在开展工业互联网建设应用过程中，可遵循“业务目标－功能要素－实施方式－技术支撑”的主线，结合自身数字化基础、转型升级需求和行业整体发展阶段，探索重点应用场景的实施部署架构，通过多类应用场景实施提炼，打造行业共性建设路径，形成该行业工业互联网应用指南和数字化转型方法论。

# 学习任务三　工业互联网平台

工业互联网平台是面向制造业数字化、网络化、智能化需求，构建基于海量数据采集、汇聚、分析的服务体系，支撑制造资源泛在连接、弹性供给、高效配置的工业云平台。工业互联网平台架构如图 8-11 所示。

## 一、工业互联网平台边缘层

1. 平台边缘层具备的功能

平台边缘层具备数据采集、协议转换、边缘智能三方面功能。

（1）数据采集。围绕数据过少，根据业务需要对设备安装传感器进行数字化改造，并通过有关协议将数据传输到云端的数据采集功能。

（2）协议转换。围绕数据过于繁杂，提供协议转换的产品及模块，能够支持常见工业协议，如 Modbus-RTU，Modbus-TCP，OPC-UA 等通用协议，支持西门子、三菱、欧姆龙、信捷、ABB、AB 等主流 PLC，FANUC、三菱等主流机床协议解析，支持定制化封装。实现设备、传感器、控制器、业务系统等不同来源的海量异构数据在云端汇聚的协议转换功能。

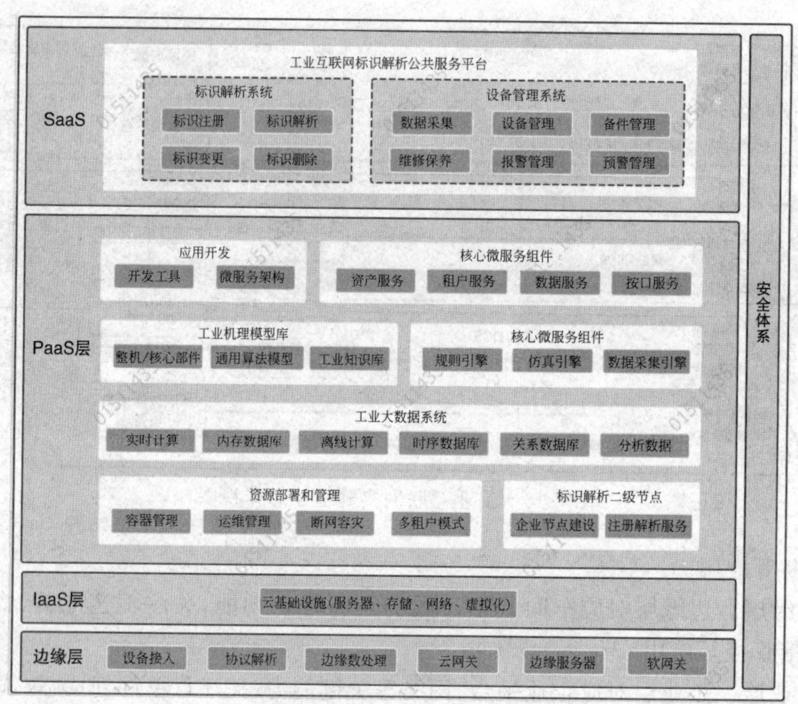


图 8-11 工业互联网平台架构

(3) 边缘智能。围绕数据过多,提供具备数据存储、转换、处理、分析等边缘计算能力的产品和模块,实现对数据进行本地的运算和预处理,缓解云端压力的边缘智能功能。

2. 工业互联网平台边缘智能网关

边缘智能网关是部署在网络边缘侧的网关,通过网络连接、协议转换等功能连接物理和数字世界,提供轻量化的连接管理、实时数据分析及应用管理功能的硬件设备。

工业平台边缘智能网关

以如图 8-12 所示的 T201X 网关管理系统为例,介绍边缘网关如何进行数据管理。

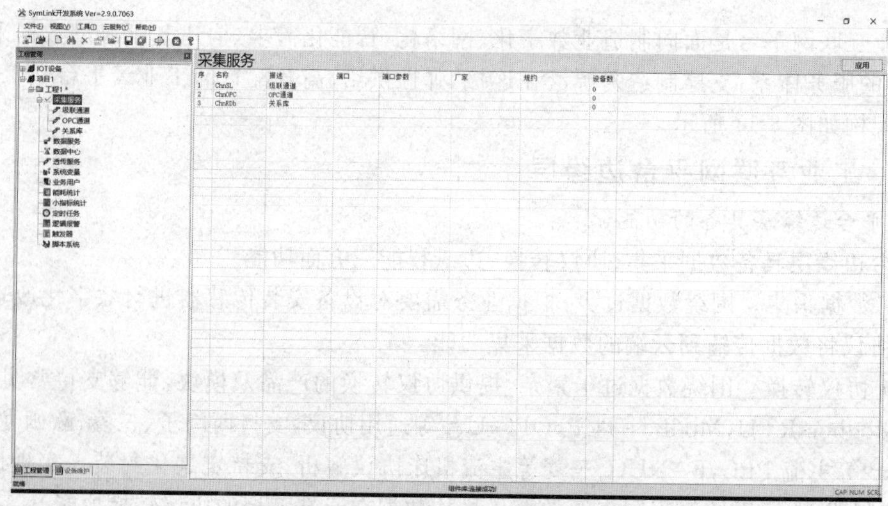


图 8-12 T201X 网关管理系统

第一步：按照如图 8-13 所示的顺序和思路新建项目进行数据采集，完成数据采集的界面如图 8-14 所示。

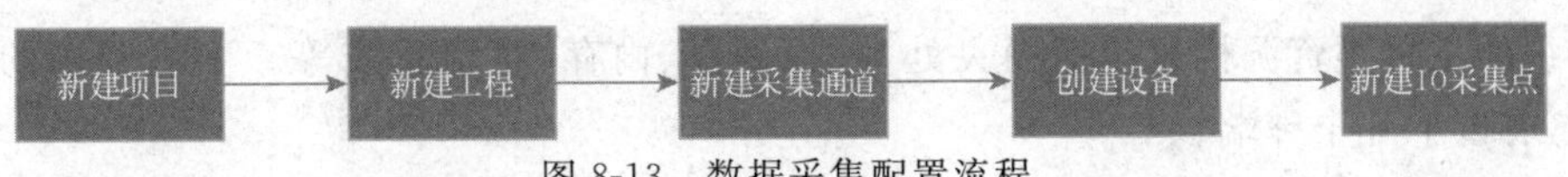


图 8-13　数据采集配置流程

| 序号 | 名称 | 描述 | 类型 | 权限 | 采集周期 | 单位( | 引用标签 | 云阈值 | 提交 | 标记 | CT&PT | 系数 | 阈值 | 地址 | 编码 | 位偏移 | DB.Numb |
|---|---|---|---|---|---|---|---|---|---|---|---|---|---|---|---|---|---|
| 1 | V_DB_V11 | 电压（V） | 模拟量 | 读写 | 1000 | | | 0.0100 | 0 | 0 | 不运算 | 未启用 | 未启用 | 0 | 13 | 0 | 900 |
| 2 | V_DB_A1 | 电流（A） | | 读写 | 1000 | | | 0.0100 | 0 | 0 | 不运算 | 未启用 | 未启用 | 4 | 13 | 0 | 900 |
| 3 | V_DB_SY1 | 瞬时有功功率（kW） | | 读写 | 1000 | | | 0.0100 | 0 | 0 | 不运算 | 未启用 | 未启用 | 8 | 13 | 0 | 900 |
| 4 | V_DB_SW1 | 瞬时无功功率（KW） | | 读写 | 1000 | | | 0.0100 | 0 | 0 | 不运算 | 未启用 | 未启用 | 12 | 13 | 0 | 900 |
| 5 | V_DB_SZ1 | 瞬时总视在功率（k | | 读写 | 1000 | | | 0.0100 | 0 | 0 | 不运算 | 未启用 | 未启用 | 16 | 13 | 0 | 900 |
| 6 | V_DB_SUM... | 总电度（kW·h） | | 读写 | 1000 | | | 0.0100 | 0 | 0 | 不运算 | 未启用 | 未启用 | 20 | 13 | 0 | 900 |
| 7 | V_DB_STA... | 通信状态 | | 只读 | 1000 | | | 0.0100 | 0 | 0 | 不运算 | 未启用 | 未启用 | 24 | 1 | 0 | 900 |
| 8 | V_WDS_W | 环境温度 | | 读写 | 1000 | | | 0.0100 | 0 | 0 | 不运算 | 未启用 | 未启用 | 26 | 13 | 0 | 900 |
| 9 | V_WDS_SD1 | 环境湿度 | 模拟量 | 读写 | 1000 | | | 0.0100 | 0 | 0 | 不运算 | 未启用 | 未启用 | 30 | 13 | 0 | 900 |
| 10 | V_WDS_ST... | 通信状态 | 模拟量 | 只读 | 1000 | | | 0.0100 | 0 | 0 | 不运算 | 未启用 | 未启用 | 34 | 1 | 0 | 900 |
| 11 | V_WG_WD | 温度-1—0-5V | 模拟量 | 读写 | 1000 | | | 0.0100 | 0 | 0 | 不运算 | 未启用 | 未启用 | 36 | 13 | 0 | 900 |
| 12 | V_WG_WD | 温度-2—0-20ma | 模拟量 | 读写 | 1000 | | | 0.0100 | 0 | 0 | 不运算 | 未启用 | 未启用 | 40 | 13 | 0 | 900 |
| 13 | V_WG_STA... | 通信状态 | 模拟量 | 只读 | 1000 | | | 0.0100 | 0 | 0 | 不运算 | 未启用 | 未启用 | 44 | 1 | 0 | 900 |
| 14 | V_FDP_PRE... | 实训台气压（MPa） | 模拟量 | 只读 | 1000 | | | 0.0100 | 0 | 0 | 不运算 | 未启用 | 未启用 | 46 | 13 | 0 | 900 |
| 15 | V_FDP_HK | 滑块位移 | 模拟量 | 只读 | 1000 | | | 0.0100 | 0 | 0 | 不运算 | 未启用 | 未启用 | 50 | 13 | 0 | 900 |
| 16 | V_FDP_BZJD | 拨针角度 | 模拟量 | 只读 | 1000 | | | 0.0100 | 0 | 0 | 不运算 | 未启用 | 未启用 | 54 | 13 | 0 | 900 |
| 17 | V_FDP_GZH | 测试工装号 | 模拟量 | 只读 | 1000 | | | 0.0100 | 0 | 0 | 不运算 | 未启用 | 未启用 | 58 | 1 | 0 | 900 |
| 18 | V_FDP_BP... | 变频器状态 | 模拟量 | 只读 | 1000 | | | 0.0100 | 0 | 0 | 不运算 | 未启用 | 未启用 | 60 | 1 | 0 | 900 |
| 19 | V_FDP_BP... | 变频器输出频率 | 模拟量 | 只读 | 1000 | | | 0.0100 | 0 | 0 | 不运算 | 未启用 | 未启用 | 62 | 13 | 0 | 900 |
| 20 | V_FDP_BP... | 变频器故障 | 模拟量 | 只读 | 1000 | | | 0.0100 | 0 | 0 | 不运算 | 未启用 | 未启用 | 66 | 1 | 0 | 900 |
| 21 | V_FDP_GW... | 运行状态 | 模拟量 | 只读 | 1000 | | | 0.0100 | 0 | 0 | 不运算 | 未启用 | 未启用 | 68 | 1 | 0 | 900 |
| 22 | V_FDP_GW... | 工位节拍（S） | 模拟量 | 只读 | 1000 | | | 0.0100 | 0 | 0 | 不运算 | 未启用 | 未启用 | 70 | 1 | 0 | 900 |
| 23 | V_FDP_GW... | 滑块位移 | 模拟量 | 只读 | 1000 | | | 0.0100 | 0 | 0 | 不运算 | 未启用 | 未启用 | 72 | 13 | 0 | 900 |
| 24 | V_FDP_GW... | 拨针角度 | 模拟量 | 只读 | 1000 | | | 0.0100 | 0 | 0 | 不运算 | 未启用 | 未启用 | 76 | 13 | 0 | 900 |
| 25 | V_FDP_GW... | 测试工装号 | 模拟量 | 只读 | 1000 | | | 0.0100 | 0 | 0 | 不运算 | 未启用 | 未启用 | 80 | 1 | 0 | 900 |
| 26 | V_FDP_GW... | 运行状态 | 模拟量 | 只读 | 1000 | | | 0.0100 | 0 | 0 | 不运算 | 未启用 | 未启用 | 82 | 1 | 0 | 900 |
| 27 | V_FDP_GW... | 工位节拍（S） | 模拟量 | 只读 | 1000 | | | 0.0100 | 0 | 0 | 不运算 | 未启用 | 未启用 | 84 | 1 | 0 | 900 |

图 8-14　完成数据采集

第二步：按照如图 8-15 所示的顺序和思路进行数据转发管理，完成数据转发的界面如图 8-16 所示。

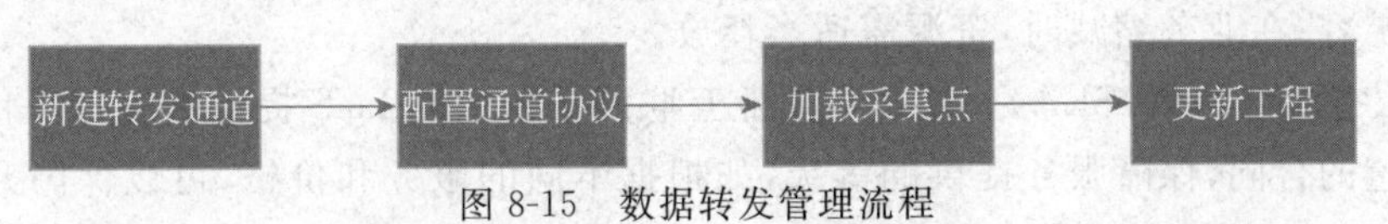


图 8-15　数据转发管理流程

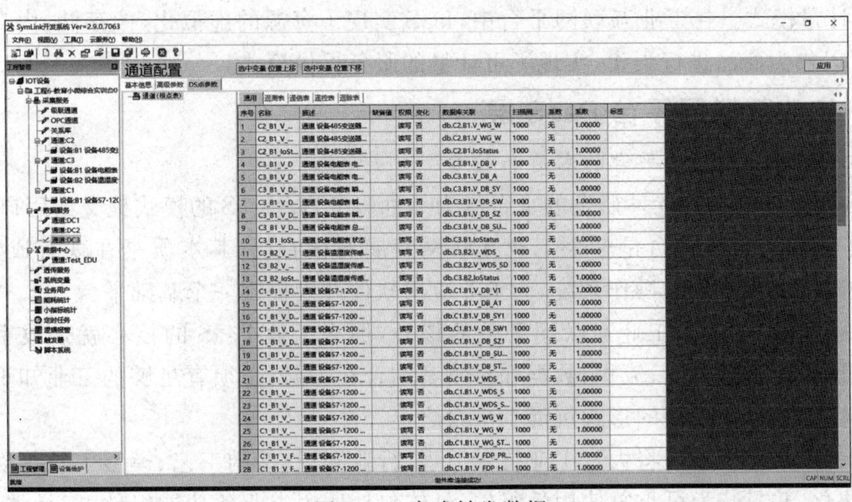

图 8-16　完成转发数据

## 二、工业互联网平台 IaaS 层

### 1. 传统的主机类资源维护工作中的弊端

传统的主机类资源构成包括中央处理器、硬盘、内存、系统总线等。主机资源的维护工作烦琐，有以下几个弊端。

(1) 必须 24 小时不间断供电，但一个公司很难做到全年每天 24 小时不断电，若有异常突发状况，一旦断电，计算机上的软件就不能运行。

(2) 主机处理器在运行的时候会发热，如果没有制冷设备，那么处理器 365×24 小时的工作就会报废。

(3) 设备损坏又未添置新设备期间，无法再使用主机。待设备更换，系统恢复后，还需要重新部署软件及应用，工作相当烦琐。

### 2. 工业互联网平台 IaaS 资源的特点

IaaS 是指把 IT 基础设施作为一种服务通过网络对外提供。IaaS 是最简单的云计算交付模式，它用虚拟化操作系统、工作负载管理软件、硬件、网络和存储服务的形式交付计算资源，也可以包括操作系统、虚拟化技术和管理资源的交付。在工业互联网平台中的 IaaS 资源具有以下几个特点。

(1) 租赁模式。使用工业互联网平台中的 IaaS 服务购买服务器和存储资源时，可以获得所需要的资源并即时访问，而不是实际购买一堆服务器或将主机搬到机房中。

(2) 自助服务。用户可通过门户自助获取服务器或网络资源，而无须依赖专业技术人员提供这些资源。该门户类似于一台银行自动取款机(ATM)，通过一个自助服务界面，可以轻松处理多个重复性任务。

(3) 动态缩放。在实际使用过程中，用户需求的资源呈现动态性：在业务增长时，需要进行资源扩容；在业务缩减时，资源需适当释放。

(4) 服务等级协议(SLA)。用户与工业互联网平台中的 IaaS 提供商签订一份特定存储量或计算量的合同，保障服务提供的等级，如根据不同的服务和价格，可以保障几近百分百的可用性。

(5) 计量模式。在工业互联网平台中，IaaS 实现了资源的虚拟化，像存储、内存、计算能力等均可以作为商品进行买卖，实现了可计量的服务提供模式。

## 三、工业互联网平台 PaaS 层

### 1. 工业互联网 PaaS 平台的本质和核心

PaaS 实际上是指将软件研发的平台作为一种服务，以 SaaS 的模式提交给用户。

工业互联网 PaaS 平台是整个工业互联网发展的核心层，其本质是在现有成熟的 IaaS 平台上构建一个可扩展的操作系统，为工业应用软件开发提供一个基础平台。

如果说工业 PaaS 是工业互联网平台的核心，那么工业 PaaS 的核心就是数字化模型。工业互联网平台要想将人、流程、数据和事物都结合在一起，必须有足够的工业知识和经验，并且把这些以数字化模型的形式沉淀到平台之上。

所谓的数字化模型是将大量工业技术原理、行业知识、基础工艺、模型工具等规则化、软件化、模块化，并封装为可重复使用的组件，具体包括通用类业务功能组件、工具类业务功能组件、面向工业场景类业务功能组件。

工业大数据汇聚到工业 PaaS 平台之上，所有的工业技术、知识、经验和方法都以数字化模型的形式沉淀在 PaaS 平台上，当把海量数据加入数字化模型中，进行反复迭代、学习、分析、计算之后，可以解决物理世界中的四个基本问题：首先是描述物理世界发生了什么；其次是诊断为什么会发生；再次是预测下一步会发生什么；最后是决策该怎么办，决策完成之后就可以驱动物理世界执行。通过传感器的及时数据与历史数据对比诊断，预测故障发生，管理者可以根据预测的情况，采取包括预防性维护在内的决策。

数字化模型的价值，概括来讲，就是状态感知、实时分析、科学决策、精准执行。

2. 构建工业互联网 PaaS 平台架构的目的

工业互联网 PaaS 平台架构如图 8-17 所示，构建工业 PaaS 平台的目的是为企业提供云服务所必需的各种中间件、分层的动态扩展机制、开发和运维等支撑能力，帮助企业快速构建面向工业行业的服务，同时与开发者、合作伙伴一起打造良性生态圈。

当工业 PaaS 平台上拥有大量蕴含着工业技术、知识、经验和方法的微服务架构的数字化模型时，应用层的工业 App 可以快速、灵活调用多种碎片化的微服务，实现工业 App 快速开发部署和应用。

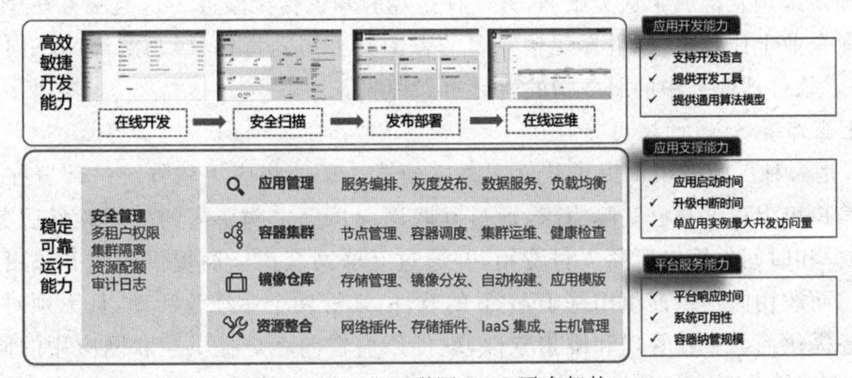


图 8-17 工业互联网 PaaS 平台架构

3. 工业互联网 PaaS 平台的功能和优势

工业互联网 PaaS 平台的功能和优势如表 8-2 所示。

**表 8-2 工业互联网 PaaS 平台的功能和优势**

| 功 能 | 优 势 |
|---|---|
| 持续交付 | 可通过自动触发的策略，完成业务的自动化打包封装和交付过程 |
| 多租户管理 | 平台内置多租户的架构，可实现应用上架、安全扫描和应用分发 |
| 持续部署 | 可通过全自动化的策略驱动，配合可定制的部署模板及调度策略，实现应用的一键部署及自动运维 |
| 应用编排 | 支持标准的应用编排规范，将复杂的业务系统，用标准化和可视化的方式描述呈现 |
| 弹性扩容 | 以应用为颗粒度进行动态的负载管理，配合持续部署规则，可实现复杂场景下的弹性调度 |
| 双引擎模式 | 可统一管理物理机、虚拟机和容器的资源池，实现对资源层的统一管理 |
| 多级权限支持 | 内置多级权限支持，可对应现有数据中心的管控要求，并额外提供虚拟团队和空间的管理 |

续表

| 功　能 | 优　　势 |
| --- | --- |
| 分布式存储 | 内置的分布式软件定义存储，通过编排自动创建和分配存储卷，并提供企业级存储管理功能 |
| 软件定义网络 | 多种网络模式支持，应对不同情况下的网络配置，可平滑对接物理网络、虚拟机网络及容器网络 |
| 集群高可用 | 按照纯分布式理论设计，去中心化的管理能力，支持在超大规模数据中心中的高可用表现 |

## 四、工业互联网平台 SaaS 层

SaaS 是软件即服务，即通过网络提供软件服务，是随着互联网技术的发展和应用软件的成熟，在 21 世纪开始兴起的一种完全创新的软件应用模式。

1. 软件即服务

服务大体可以分为两种：一种是由于社会化分工导致的专业技能输出服务，例如医生诊断看病，理发师理发都属于这类服务；另一种是经验知识传授服务。这类服务在个人场景上比较少，在企业上比较多，像世界比较知名的咨询类公司麦肯锡、毕马威等就在向企业提供这种服务。软件即服务中的服务指的就是第二种服务。

2. 企业部署 SaaS 的缘由

SaaS 是一种厂商向用户提供软件服务的模式。厂商将应用软件统一部署在自己的服务器上，客户可以根据自己实际需求，通过互联网向厂商定购所需的应用软件服务，按订购的服务多少和时间长短向厂商支付费用，并通过互联网获得厂商提供的服务。用户不用再购买软件，而改用向提供商租用基于 Web 的软件，来管理企业经营活动，且无须对软件进行维护，服务提供商会全权管理和维护软件，软件厂商在向客户提供互联网应用的同时，也提供软件的离线操作和本地数据存储，让用户随时随地都可以使用其订购的软件和服务。

对于许多小型企业来说，SaaS 是采用先进技术的最佳途径，它省去了企业购买、构建和维护基础设施及应用程序的环节。IaaS、PaaS、SaaS 三种服务模式的典型应用对象如图 8-18 所示。

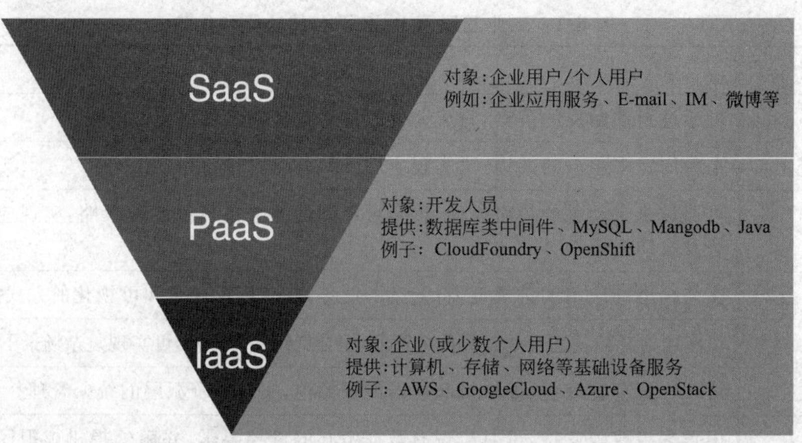


图 8-18　IaaS、PaaS、SaaS 三种服务模式的典型应用对象

## 五、盘点国内外知名工业互联网平台

国内外企业工业互联网平台正处于规模化扩张的关键期，毋庸置疑，工业互联网平台成为推动制造业与互联网融合发展的重要抓手，是企业数字化转型的有力推动者。国内外26家领先的工业互联网平台如表8-3所示。

表8-3　国内外26家领先的工业互联网平台

| 序号 | 工业互联网平台名称 | 所属企业 |
| --- | --- | --- |
| 1 | 卡奥斯 COSMOPlat | 海尔 |
| 2 | INDICS平台 | 航天云网 |
| 3 | 根云平台 | 树根互联 |
| 4 | CPS平台 | 中国电信 |
| 5 | OceanConnect IoT平台 | 华为 |
| 6 | HiaCloud平台 | 和利时 |
| 7 | 精智丨用友工业互联网平台 | 用友 |
| 8 | 汉云 | 徐工信息 |
| 9 | BIOP平台 | 东方国信 |
| 10 | 船舶工业智能运营平台 | 中船工业 |
| 11 | NeuSeer平台 | 寄云 |
| 12 | ProudThink平台 | 普奥 |
| 13 | OneNET平台 | 中国移动 |
| 14 | ProMACE平台 | 石化盈科 |
| 15 | 浪潮工业互联网平台 | 浪潮 |
| 16 | 阿里云ET工业大脑平台 | 阿里巴巴 |
| 17 | 宝信工业互联网平台 | 宝信 |
| 18 | iSESOL平台 | 智能云科 |
| 19 | MeiCloud平台 | 美云智数 |
| 20 | Gizwits IOT Enterprise平台 | 机智云 |
| 21 | BEACON平台 | 富士康 |
| 22 | Predix平台 | GE |
| 23 | ThingWorx平台 | PTC |
| 24 | ABB Ability平台 | ABB |
| 25 | EcoStruxure平台 | 施耐德 |
| 26 | MindSphere平台 | 西门子 |

从2018年开始，工业和信息化部连续3年发布工业互联网十大双跨（跨行业跨领域）平台名单，并在2020年对以往十大双跨平台的成绩进行了总结，结果如图8-19所示。

**十大双跨平台一年成绩单**

| 序号 | 企业 | 平台 | 战略演进 | | 平台发展 | | | 资源汇聚 | | 行业应用 | |
|---|---|---|---|---|---|---|---|---|---|---|---|
| | | | 平台总体战略规划 | 升级与创新 | 新兴技术融合创新能力 | 平台服务赋能能力 | 部省市项目参与情况 | 连接设备数量 | 投融资情况 | 服务企业情况 | 跨行业应用状况 |
| 1 | 海尔 | COSMOPlat | ★★★★ | ★★★★ | ★★★ | ★★★★ | ★★★ | — | ★★★ | ★★★★ | ★★★★ |
| 2 | 东方国信 | Cloudiip | ★★★★ | ★★★★ | ★★★ | ★★★★ | ★★ | ★★★★ | ★★★ | ★★★☆ | ★★★☆ |
| 3 | 用友网络 | 精智 | ★★★☆ | ★★★☆ | ★★★☆ | ★★★☆ | ★★ | ★★☆ | — | ★★★ | ★★★ |
| 4 | 树根互联 | ROOTCLOUD 根云 | ★★★★ | ★★★☆ | ★★★☆ | ★★★★ | ★★ | ★★★ | ★★ | ★★★ | ★★★☆ |
| 5 | 航天云网 | INDICS | ★★★★ | ★★★☆ | ★★★☆ | ★★★★ | ★★★ | ★★★☆ | — | ★★★ | ★★★☆ |
| 6 | 浪潮云 | 云洲 | ★★★★ | ★★★★ | ★★★☆ | ★★★☆ | ★★☆ | ★★★★ | ★★★ | ★★★ | ★★★☆ |
| 7 | 华为 | 华为云 FusionPlant | ★★★☆ | ★★★☆ | ★★★☆ | ★★★★ | ★★ | — | — | ★★★★ | ★★★ |
| 8 | 富士康 | FOXCONN BEACON | ★★★★ | ★★★★ | ★★★☆ | ★★★☆ | ★★ | ★★★ | ★★★ | ★★★ | ★★★ |
| 9 | 阿里 | supET | ★★★★ | ★★★★ | ★★★☆ | ★★★★ | ★★☆ | ★★★★ | — | ★★★☆ | ★★★ |
| 10 | 徐工信息 | 汉云 | ★★★★ | ★★★★ | ★★★☆ | ★★★★ | ★★★ | ★★★☆ | ★★☆ | ★★★☆ | ★★★☆ |

制表：工业互联网世界编辑组　　注：——表示未披露相关数据

图 8-19　工业互联网十大双跨平台的成绩总结

卡奥斯 COSMOPlat 工业互联网平台由海尔卡奥斯推出，总部在山东青岛。2020 年，青岛提出“发力工业互联网建设，着力打造世界工业互联网之都”的远大目标，率全国乃至全球之先，提出力争到 2022 年，建成核心要素齐全、融合应用引领、产业生态活跃的世界工业互联网之都。

## 六、工业互联网平台产业生态

工业互联网平台的产业生态如图 8-20 所示。产业链上游是为平台提供技术支撑的技术型企业，往往在平台构建中处于被集成的行列，技术类企业包括云计算，数据采集、分析、集成和管理，边缘计算等厂商；产业链中游是四类平台企业，包括装备与自动化、工业制造、ICT 企业和工业软件类企业；产业链下游是垂直行业用户和第三方开发者，创新开发各类工业 APP，为平台注入新的价值。

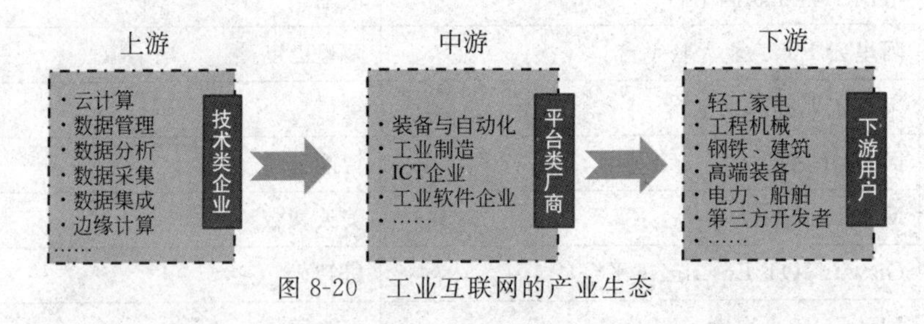


图 8-20　工业互联网的产业生态

# 学习任务四　工业互联网助力数字化转型

对于企业而言，数字化转型的根本是通过数据推动业务增长。这些数据是通过各种新技术获取的，不管是信息技术、虚拟现实、机器人还是大数据。通过对业务模式、业务流程、企业组织的改造，让所有业务能够基于数据进行驱动，从而实现更好的客户体验，更高的组织效能，形成新的价值。

企业数字化转型没有行业区别，几乎所有的行业都已在其中。在交通行业，网约车正在颠覆传统的出租车行业；在零售行业，电商正在颠覆传统的线下零售业；在银行业，传统银行要接受来自金融科技企业的挑战；在农业中，已经有企业通过对土壤、种子、气候的数据分析来提升效率，精细化运营。

一个通过数据全副武装的企业和一个停留在机械化乃至人力密集型层面的传统企业竞争，胜败会有悬念吗？

## 一、企业数字化转型痛点

1. 企业缺乏信息化底座

企业在进行软件信息化建设时，往往依托自身企业的软件技术人员进行开发，当开发资源不足时，通过外包的方式整合外部 IT 资源进行定制开发。随着市场需求的增加，一些垂直领域的 SaaS 公司应运而生，像 Salesforce 的 CRM、金蝶云 ERP 等，满足不同行业统一化的场景要求。

从表面看，数字化进程顺利，但其中却存在巨大问题：外包/开发的系统间难以实现数据的共享和流通，界面风格无法有效统一，用户体验差。

在部分企业中经常会出现以下情况：当销售人员提交订单时，他们可能在整个订单的生命周期过程中要登录企业内部的三四套系统，进行不一样的操作。对于销售人员来说，他们的主要价值在于促进客户转化或者完成业务，而不是去学习使用不一样的信息系统。这种情况下，数字化工具不但没有帮助提效，反而加重了销售人员的工作量。

2. 传统软件开发方式供需不均衡

当企业的场景为非标准化需求时，无法通过如图 8-21 所示的传统软件开发模式按照现有产品直接匹配，需要选择外包供应商进行定制化开发。从需求的梳理、开发、测试、运行，直至最终上线，整个过程不仅需要专业的 IT 团队支持，还需要较高的时间成本及沟通成本，很难满足企业对数字化转型的迫切需求。

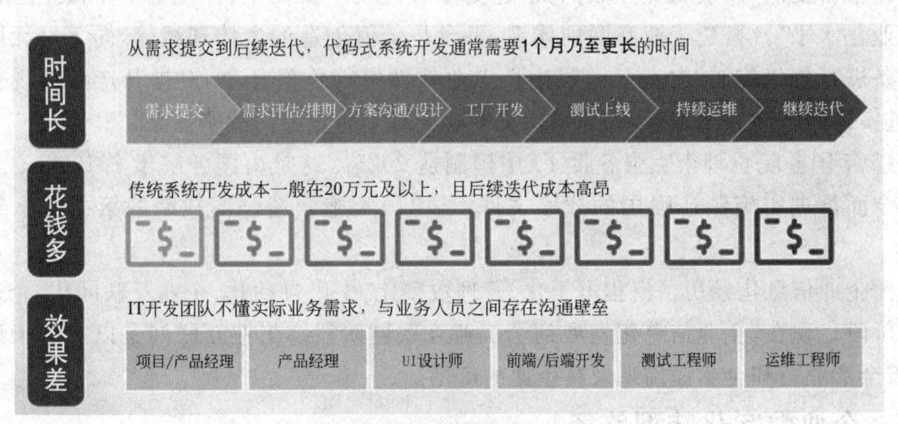


图 8-21 传统软件开发模式

3. 数据资产积累薄弱，应用范围偏窄

数字化转型是企业数据资产不断积累以及应用的过程，数据资产是数字化转型的重要依托，如何加工利用数据、释放数据价值是企业面临的重要课题。目前，多数企业仍处于数据应用的感知阶段而非行动阶段。覆盖全流程、全产业链、全生命周期的工业数据链尚未构建；内部数据资源散落在各个业务系统中，特别是底层设备层和过程控制层无法互联互通，形成“数据孤岛”；外部数据融合度不高，无法及时全面感知数据的分布与更新。受限于数据的规模、种类以及质量，目前多数企业对数据的应用还处于起步阶段，主要集中在精准营销、舆情感知和风险控制等有限场景，未能从业务转型角度开展预测性和决策性分析，难以更好地挖掘数据资产的潜在价值。大数据与实体经济融合的深度和广度尚不充分，应用空间亟待开拓。

4. 数字鸿沟明显，产业协同水平较低

传统产业数字化发展不平衡不充分问题比较突出。大部分中小企业起步水平低，数字化、智能化水平弱，虽然有转型的强烈需求，但是鉴于自身设备、技术、人员等资源不足的现状，普遍"心有余而力不足"，这就造成了大企业与中小企业之间的数字化差距越发明显。国内的头部企业目前仍以内部各类系统的集成为主开展工业互联网的建设，上下游产业链协同不畅，各企业之间的数据、资源、能力等开放程度低，无法实现产业链之间的有效协同。

## 二、工业互联网推动数字经济发展

数字经济四次被写入政府工作报告：2017 年，数字经济首次出现在政府工作报告中，之后，2019 年、2020 年和 2021 年数字经济均出现在政府工作报告中。2018 年的政府工作报告虽然没有提及数字经济，但首次提出了数字中国建设，这被解读为数字经济的进一步延伸。尤其在 2021 年的政府工作报告中，数字经济和数字中国同时出现，除了延续 2020 年打造数字经济新优势的提法，还增加了数字产业化和产业数字化、数字社会、数字政府和数字生态等内容。

工业互联网是数字经济建设的重要组成部分，在推动数字产业化和产业数字化转型升级过程中，工业互联网大有可为。

2019 年，工业互联网首次写入政府工作报告，2020 年和 2021 年也都有出现。2022 年的政府工作报告提出"发展工业互联网，搭建更多共性技术研发平台，提升中小微企业创新能力和专业化水平"。搭建工业互联网体系，平台是价值创造的主体和载体，向下可无限接入工业设备进行价值传递、向上可无限生长工业软件进行价值分享，对提升产业链现代化水平、促进实体经济高质量发展，在当前历史时期具有十分重要的战略意义。

2015 年国务院总理李克强签批了《中国制造 2025》，这是由国务院于 2015 年 5 月印发的部署全面推进实施制造强国的战略文件，是中国实施制造强国战略的第一个十年行动纲领。

我国企业信息化经历了流程电子化、管理数字化、生产自动化、企业互联网化、企业智能化五个阶段。现在，企业信息化发展到了工业互联网阶段。工业互联网是以智慧工厂为目标，覆盖全产业链和全生命周期及跨企业的应用。

## 三、企业数字化转型路径

企业数字化转型并非只是简单地把某一个应用系统云化、互联网化，而应该从战略高度看待所在产业的变化、技术进步、客户定义和商业模式变革等方面，全面综合考虑。在具体实施上，企业可以采取阶段性安排，从局部应用扩展到企业全局，甚至整个供应链。

1. 产品设计的数字化

产品设计流程的数字化可以通过应用 CAD 和 PLM 软件实现；产品功能本身的数字化、智能化将可能会改造传统产品的设计理念；赋予原有产品更多数字化特征的重大改变也是产品创新的重要内容。

2. 生产方式数字化

生产方式的数字化可以通过智能设备、软件的应用来完成，其中，设备本身的数字化水平和软件系统是关键要素。

3. 管理方式的数字化

ERP、CRM、SCM等应用软件的使用是管理方式数字化的重要体现，已经成为企业现代管理的标志。移动化应用让管理方式更加方便快捷。

4. 营销阶段的数字化

互联网营销是一个热门话题，从快消品开始，互联网、微信、微博等移动化应用成为新营销的重要手段和内容。营销阶段的数字化也包含对渠道管理和投资经营模式的数字化，尤其是在新形势下，渠道的来源和种类更加多样化。

5. 采购端的数字化

营销端数字化做得越好，对企业经营的提升作用越大，对企业采购端的压力越明显，采购端数字化管理的迫切性也更强。

6. 企业采取"点线面体"的转型路径

(1)"点"是指业务职能，如采购、销售、核算、预算等。

(2)"线"是指流程与制度，如客户产品购买流程。

(3)"面"是指BU事业部或价值链，如研发、供应链与生产、市场与销售、售后服务(上面:战略与规划，下面:IT与新兴技术)。

(4)"体"是由不同的面组合而成，也可以分为关键能力，如技术、人才、资金等不同层级。

除了"面"之外，企业的"内核"更为重要，包括管理、数据、企业文化，最核心的是商业模式和价值主张。企业数字化转型是"点线面体"同步进化、量变到质变的结果。企业数字化和数字化转型正在经历一个复杂的过程，即每家企业的特点不同，所处的数字化阶段不同，采取的数字化转型策略必然也千差万别。企业必须因地制宜，走适合自身发展的数字化转型之路。

## 四、工业互联网助推企业数字化转型案例

1. COSMOPlat助力服装企业大规模定制转型升级

海尔数字科技(青岛)有限公司是海尔集团在物联网时代踏准时代节拍，进行战略转型设立的全资高科技公司。其运营的海尔COSMOPlat工业互联网平台，业务涵盖工业互联网平台建设和运营、工业智能技术研究和应用、智能工厂建设及软硬件集成服务(精密模具、智能装备和智能控制)、能源管理等，助力中国企业实现大规模制造向大规模定制升级快速转型。COSMOPlat平台始终秉承国家级工业互联网平台的使命，为用户、企业和资源创造和分享价值，争创引领全球的工业互联网生态品牌。

COSMOPlat海织云是COSMOPlat在纺织服装行业应用和实践的子平台，海织云以用户体验为中心，为服装企业提供从交互、设计、营销、采购、生产、物流和售后等全流程解决方案，实现从大规模制造向大规模定制的转型，重塑纺织服装行业价值链和生态链，构建共创共赢的生态体系。目前，COSMOPlat海织云通过实施服装行业大规模定制解决方案，已助力山东海思堡服装服饰集团有限公司、陕西伟志服饰产业发展有限公司、青岛胶州环球服装有限公司、天津菲尼克斯实业发展有限公司等服装企业实现从大规模制造向大规模定制的

转型。

(1) 纺织服装行业的传统难题。纺织服装工业一直是中国的支柱产业、重要的民生产业。经过多年的发展,中国服装产业建立起了全世界最完善的现代制造体系,产业链各环节制造能力与水平均位居世界前列。但同时服装行业又存在很多传统问题,比较突出的有以下三个问题。

第一,产业链长,产销不匹配,提前生产导致库存高。

第二,订单趋向小批量、多种类,大货生产模式柔性不足。

第三,不了解用户需求,缺少售后护理服务导致用户满意度低。

(2) COSMOPlat 海织云纺织服装工业互联网平台优势。针对行业存在的以上难题,COSMOPlat 海织云为纺织服装行业提供大规模定制模式转型、智能生产、数字化管理、协同制造等技术支持,最终满足用户日益个性化的服饰需求。

COSMOPlat 海织云打造的服装行业大规模定制解决方案通过建立 MTM 定制系统,TDC 数字技术中心,实现直连用户个性化需求,板型、工艺等自动匹配,并集成 CAD、ERP、SCM、MES、WMS 等系统,同时结合业务与流程优化,智能化设备应用等的实施,实现生产全流程数据驱动、全过程数据采集、实时监控与预警。通过 COSMOPlat,企业实现牛仔服装大规模定制与柔性快返生产模式,并通过 COSMOPlat 平台链接用户大数据、供应链资源等,构建协同、互联生态,实现用户全流程交互,产业链协同;既实现企业快速精准研发、高效生产、降低库存,又大幅提高用户体验与产品满意度,实现个性化需求。基于以上升级,企业实现了柔性化、个性化、智能化的战略转型。

传统的单向货物流转模式使得生产商无法精准把握用户需求,徒增库存积压,使价格战持续,在缺乏用户交互的情况下流程愈发单一。而海织云平台通过整合行业优秀资源,打造了全新的服装行业差异化模式,同时为平台上的纺织服装企业提供交互定制、开放创新、精准营销、模块采购、智能制造、智慧物流、智能服务等多种解决方案及云服务。

(3) COSMOPlat 助力海思堡集团大规模定制转型升级。作为山东省最大的牛仔服装生产企业,海思堡曾面临订单周期长、库存高,销售结束后无法追踪,无法了解用户需求的行业痛点。

通过对海思堡的系列咨询诊断,COSMOPlat 为海思堡打造了专门的大规模定制解决方案。提供服装工厂从整厂布局、精益导入到智能制造管理系统、供应链管理系统、生产制造执行系统、智能仓储系统等成套软硬件产品及服务,使工厂实现从大规模制造向大规模定制的转型,帮助服装工厂提质增效。

通过与 COSMOPlat 合作,海思堡从传统的牛仔加工企业变成了可以小批量、定制化生产的牛仔定制企业。产品附加值大幅提升,企业竞争力显著提高。

*2. COSMOPlat 在石化工业互联网平台的创新应用*

(1) 石化行业面临的新形势、新要求。石化工业作为国民经济的重要基础和支柱产业,为国民经济的快速发展做出了重要贡献。经过多年发展,我国的炼油加工能力、化学品生产能力已居世界第一。但同时也面临结构产能过剩、环保要求、安全要求、成本上升、人才流失、核心技术亟须国产化等压力或挑战。

在这样的发展趋势下,企业仅靠传统的控制和管理方法已经无法适应新形势下生产的需要,必须依靠信息化建设的引领作用,深度融合,走新型工业化道路。

(2) 石化盈科创新打造 ProMACE。石化盈科信息技术有限责任公司(以下简称石化盈科)成立于 2002 年,是能源化工行业唯一一家全产业链解决方案和产品提供商,为国家规划布局内重点软件企业。石化盈科打造的面向石化行业的工业互联网平台 ProMACE,是新一代信息通信技术与实体经济深度融合的基础设施,是支撑流程型智慧企业研发设计、生产制造、供应链管理、营销服务各业务环节的核心载体;是信息物理系统(CPS)在石化行业的具体实现;是流程制造数字化、网络化、智能化的关键引擎。ProMACE 是基于数字孪生的石化工业互联网综合应用案例。

基于数字孪生的工业互联网应用,融合了十多年的石化行业经验与认知,将数字孪生技术沉淀于工业互联网平台,通过构建以资产模型、工厂模型、机理模型、工业大数据模型、工业专家知识库为核心的数字孪生体,支撑典型智能应用,为石化行业的数字化转型发展提供新动能。

(3) 石化盈科 ProMACE 中的数字孪生。石化盈科通过信息技术与石化业务深度融合,依托石化行业的工业互联网平台赋能、赋值、赋智,实现工业知识、模型和经验的承载和推广,提供智能化转型核心驱动引擎。其中,数字孪生是核心,对石化工业进行可视化、模型化描述。运行支撑环境是基础,通过工业物联接入、工业数据和工业实时优化计算为数字孪生提供泛在感知、数据分类存储和实时计算的环境。典型智能应用是关键,服务于最终用户,实现企业的节能降耗、降本增效。

(4) 石化盈科 ProMACE 的创新应用价值。ProMACE 通过建立基于数字孪生的多维度、全方位模型石化工厂,提供数字孪生核心组件和应用,打造以资产、物流为核心的业务新模式,实现企业数字化、网络化、智能化转型;通过优化石化企业的生产过程,降本增效;通过转变石化企业的管控模式,提升管理效率;通过监控优化石化企业的设备性能,保障运行。ProMACE 能够全面提升石化企业的客户价值,帮助其客户在新形势下的市场竞争中获胜。

## 学习自评

### 一、填空题

1. 工业互联网是新一代________与________深度融合的新型基础设施、应用模式和工业生态,通过对人、机、物、系统等的全面连接,构建起覆盖全产业链、全价值链的全新制造和服务体系,为工业乃至产业________、________、________发展提供了实现途径,是第四次工业革命的重要基石。

2. 中国工业互联网体系架构版本分别为________、________,最早是由________发起编写的。

3. 工业互联网体系架构 2.0 包括________、________、________三大板块。

4. 工业互联网平台架构包含________层。

5. 工业互联网中三类企业主体包括________、________和________。

### 二、选择题

1. 以下属于消费互联网范式的是(　　)。

A. 设备监控　　B. 支付宝　　C. 数字孪生　　D. CPS

2. 以下工业互联网平台属于我国自主知识产权的是(　　)。

A. Predix 平台　　B. ThingWorx 平台

C. ABB Ability　　　　D. 卡奥斯 COSMOPlat

3. 以下属于工业互联网平台体系架构层级的是(　　)。

A. 边缘层　　B. IaaS 层　　C. PaaS 层　　D. 控制层

4. 工业互联网互联的要素包含(　　)。

A. 设备　　B. 产品　　C. 人　　D. 系统

5.《中国制造 2025》是(　　)年提出的。

A. 2014　　B. 2015　　C. 2016　　D. 2017

**三、简答题**

1. 简述消费互联网和工业互联网的关系。

2. 工业互联网的应用场景有哪些?

3. 工业互联网解决企业数字化转型的痛点有哪些?

**四、设计题**

请根据相关课外资料,并结合本章相关知识,设计一套边缘数采集及云化数据解决方案。具体设计要求如下。

(1) 实现与边缘层温湿度传感器的数据对接。

(2) 实现与现场 PLC1200 设备的数据对接。

(3) 实现数据转发配置。

# 学习情境九

## 永远在岗的工业机器人

**情境导入 1**

很多电影中的机器人和正常人模样类似，具有人类或超过人类的敏捷思维，能用语言交流，还能进行肢体的交互动作。影片《机器人总动员》中的清扫型机器人瓦力如图 9-1 所示。瓦力长着一双大眼睛，每当出现故障时，它会从其他报废机器人身上获取替换零件；每当感知到危险时，它会将头部和四肢收回躯体从而形成一个立方体。

图 9-1　影片《机器人总动员》

电影中的机器人通常都被拟人化了，现实中的机器人并非像瓦力那样可爱。现实中的工业机器人是集机械、电子、控制、计算机、传感器、人工智能等多学科先进技术于一体的机电一体化设备，如图 9-2 所示，被称为工业自动化的三大支撑技术之一。随着社会的进步和劳动力成本的增加，工业机器人在我国的应用已越来越广。工业机器人是一种功能完整、可独立运行的自动化设备，它有自身的控制系统，能依靠自身的控制能力完成规定的作业任务。操作、调试、维修人员需要熟悉工业机器人的结构，掌握其操作和编程技术，才能充分发挥机器人的功能，确保其正常可靠地运行。

图 9-2 工厂中常见的工业机器人

## 情境导入 2

电冰箱厂车间内很多工人在紧张忙碌着，有的在安装螺钉，有的在检查冰箱外观，生产一台冰箱的平均时间要几分钟。这曾让厂长颇感焦虑，按照这样的生产效率，手头 10 万台电冰箱的订单将无法按期交货，工厂将面临巨额违约罚款。而现在，因为车间进行了智能化改造，大量机器人取代流水线工人（如图 9-3 所示），机器人按部就班地进行设备的搬运、配件的装配、产品检测等工作，大大提升了生产效率以及产品合格率，现在生产一台电冰箱只需要十几秒。

图 9-3 电冰箱生产车间机器人

## 情境解析

工业机器人的发展和特点

工业机器人尤其适用于劳动密集型的企业或者有一定危险性的岗位，机器人永远在岗不会感到疲劳，按照既定程序完成工序且不会出错。只要设备不断电，工业机器人就可以一直工作。另外，人类在工作中难免会出现工作失误等情况，而工业机器人却不会发生这种情况。现在，大部分企业都在进行机器取代人力的智能化改造，将一些重复性、危险性的工作交由机器人去完成，极大地提高了生产效率和产品合格率。

## 学习目标

学习情境九包括三个学习任务，其知识（Knowledge）目标，思政（Political）案例以及创新（Innovation）目标和技能（Skill）如表9-1所示。

**表9-1　本章学习重点内容KPI+S**

| 序号 | 学习章节 | 学习重点内容KPI+S | | | |
|---|---|---|---|---|---|
| | | 知识目标 | 思政案例 | 创新目标 | 技能点 |
| 1 | 工业机器人的产生及发展 | 认识工业机器人，了解发展历程 | 《中国制造2025》十大重点领域 | — | — |
| 2 | 工业机器人基本特征 | 理解工业机器人组成及特点 | — | — | — |
| 3 | 工业机器人的行业应用 | 掌握工业机器人在不同行业的应用场景 | 2022年北京冬奥会黑科技 | 机器人的创新应用 | — |

## 知识导图

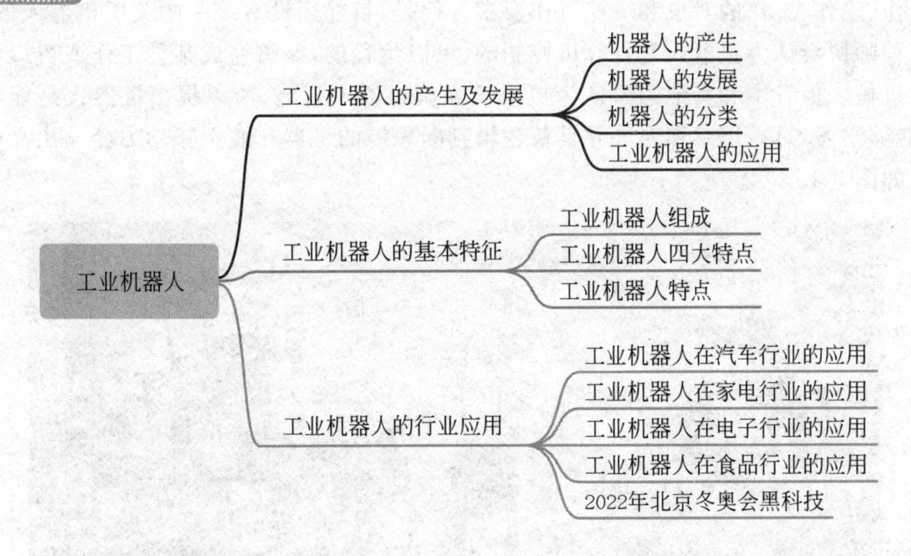


# 学习任务一　工业机器人的产生及发展

## 一、机器人的产生

1920年，捷克作家卡雷尔·凯佩克发表了科幻剧本《罗萨姆的万能机器人》。在剧本中，凯佩克把捷克语Robota写成Robot，Robota是奴隶的意思。该剧预告了机器人的发展对人类社会的影响，引起广泛关注，被视为机器人一词的起源。

在该剧中，机器人按照其主人的命令默默工作，没有感觉和感情，以呆板的方式从事繁重的劳动。后来，罗萨姆公司取得了成功，使机器人具有了感情，导致机器人的应用部门迅速增加。在工厂和家务劳动中，机器人成了必不可少的成员。

机器人技术的发展是科学技术发展的一个综合性结果。比如，第二次世界大战后，日本开始发展汽车工业，由于人力资源缺乏，日本迫切需要一种机器人来进行大批量的制造，提高生产效率，降低人的劳动强度，这是社会自身发展的需求。另外机器人是生产力发展和人类自身发展的必然结果。人们在不断探讨自然、改造自然、认识自然的过程中，需要一种能够解放人类劳动的工具来代替人们去从事复杂和繁重的体力劳动，实现人们对不可达世界的认识和改造，这也是人们在科技发展过程中的客观需要。

发展机器的原因有：①机器人能够完成人类不愿意做的事，把人类从有毒的、有害的、高温的或危险的环境中解放出来；②机器人可以提高生产效率。例如，在汽车生产线上，工人天天拿着 100kg 以上的焊钳，一天焊几千个点，一直在进行重复性的劳动。工人很累，但产品的质量仍然很低。若将这些重复性工作交给机器人来做，则能保质保量地完成。③机器人能完成人类无法完成的工作，比如机器人在月球、海洋进行的探测工作；另外还有微型机器人可以进入人体，以及在微观环境下，机器人可以对原子、分子进行搬迁。

何为机器人？一般理解为，机器人是具有一些类似人的功能的机械电子装置或者叫自动化装置，它仍然是个机器。机器人有两个特点：一方面，机器人有类人的功能，比如作业功能、感知功能、行走功能；另一方面，机器人可以根据编程自动工作，通过编程可以改变机器人的工作、动作、工作的对象和一些工作要求。但是，目前还没有统一的关于机器人的定义，美国工程师协会认为机器人是计算机控制的、可以编程的，能够完成某种工作或可以移动的自动化机械。但日本和其他国家认为更应该强调机器人智能，所以提出机器人是能够感知环境、能够学习，具有情感和对外界具备逻辑判断思维的机器。波士顿动力公司出品的各类机器人如图 9-4 所示。

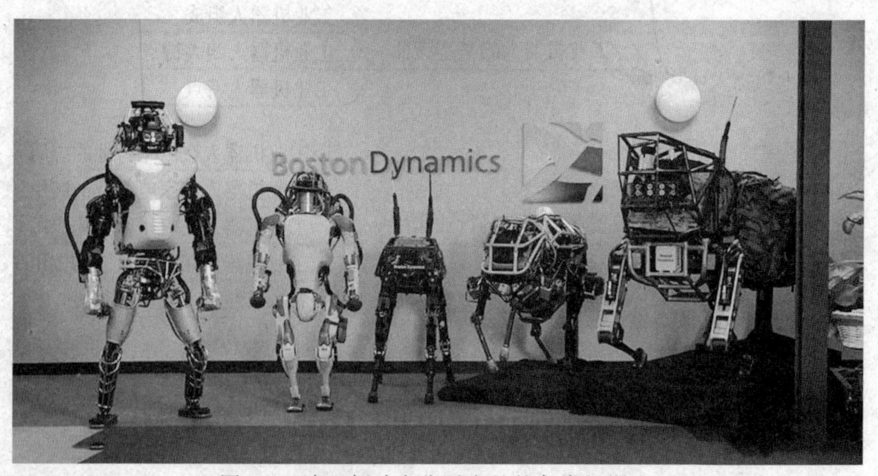


图 9-4　波士顿动力公司出品的各类机器人

工业机器人技术的不断发展，使得现代工业机器人的柔性更加突出，工业机器人可以完成的工作越来越多，通过更换机器人法兰末端执行工具，如图 9-5 所示（焊枪、夹爪、割枪等）便可以执行不同的工作。汽车工业、汽车零部件工业、金属制品业、橡胶及塑料工业、电子电器工业、食品工业等领域均可应用。

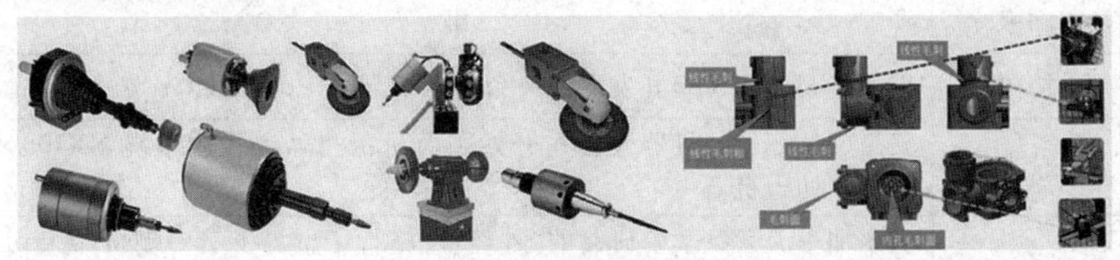

图 9-5 不同的机器人末端执行工具

## 二、机器人的发展

机器人的发展脉络如表 9-2 所示。

**表 9-2 机器人的发展脉络**

| 时间 | 国家 | 事件 |
| --- | --- | --- |
| 1956 年 | 美国 | 发明家乔治·德沃尔和物理学家约瑟·英格柏格成立了世界第一家机器人公司,名为 Unimation |
| 1969 年 | 挪威 | Trallfa 公司提供了第一个商业化应用的喷漆机器人 |
| 1978 年 | 美国 | Unimation 公司推出通用工业机器人(Programmable Universal Machine for Assembly,PUMA),应用于通用汽车装配线,标志着工业机器人技术已经完全成熟 |
| 1979 年 | 日本 | 不二越株式会社(Nachi)研制出第一台电机驱动的机器人 |
| 1984 年 | 瑞典 | ABB 公司生产出当时速度最快的装配机器人 IRB 1000 |
| 1985 年 | 德国 | 库卡公司(KUKA)开发出一款新的 Z 形机器人手臂,它的设计放弃了传统的平行四边形造型 |
| 1985 年 | 中国 | 上海交通大学机器人研究所完成了"上海一号"弧焊机器人的研究,这是中国自主研制的第一台 6 自由度关节机器人 |
| 1987 年 |  | 国际机器人联合会(International Federation of Robotics,IFR)成立。次年,国际机器人联合会发布第一份全球工业机器人统计报告 |
| 1990 年 | 中国 | 中国第一台喷漆机器人 PJ-1 如期完成 |
| 1992 年 | 瑞典 | ABB 公司推出一个开放式控制系统 S4。S4 控制器改善了人机界面并提升了机器人的技术性能 |
| 1992 年 | 瑞士 | Demaurex 公司出售其第一台应用于包装领域的三角洲机器人(Delta robot)给罗兰公司(Roland) |
| 1996 年 | 德国 | 库卡公司(KUKA)开发出第一台基于个人计算机的机器人控制系统 |
| 1996 年 | 瑞典 | 家电巨头伊莱克斯(Electrolux)制造了世界上第一台量产型扫地机器人的原型——三叶虫 |
| 1997 年 | 中国 | 6000 米无缆水下机器人试验应用成功,标志着我国水下机器人技术已达到世界先进水平 |
| 1998 年 | 瑞典 | ABB 公司开发出灵手(FlexPicke)机器人,它是当时世界上速度最快的采摘机器人 |
| 1998 年 | 瑞士 | Güdel 公司开发出 roboLoop 系统,是当时世界上唯一的弧形轨道龙门吊和传输系统 |
| 1999 年 | 德国 | 徕斯(Reis)机器人公司在机器人手臂内引入集成激光束指导系统 |
| 2000 年 | 中国 | 国防科技大学独立研制的第一台具有人类外形、能模拟人类基本动作的类人型机器人问世 |

续表

| 时间 | 国家 | 事　　件 |
|---|---|---|
| 2003年 | 德国 | 库卡公司(KUKA)开发出第一台娱乐机器人 Robocoaster |
| 2004年 | 日本 | 安川(Motoman)机器人公司开发了改进的机器人控制系统 NX100,它能够同步控制四台机器人 |
| 2008年 | 加拿大 | 卡尔加里大学医学院研制的“神经臂”施行了世界上第一例机器人切除脑瘤手术并获得成功 |
| 2008年 | 中国 | 国内首台家用网络智能机器人——塔米(Tami),在北京亮相 |
| 2009年 | 瑞典 | ABB公司推出了世界上最小的多用途工业机器人 IRB120 |
| 2010年 | 德国 | 库卡公司(KUKA)推出了一系列新的货架式机器人(Quantec),该系列机器人拥有 KR C4 机器人控制器 |
| 2014年 | 英国 | 雷丁大学研制的一台超级计算机成功通过图灵测试 |
| 2015年 | 沙特阿拉伯 | 世界级网红——Sophia(索菲亚)诞生 |
| 2015年 | 中国 | 研制出世界首台自主运动可变形液态金属机器人 |

我国非常重视机器人技术的研究和发展,《中国制造 2025》提出十大重点领域,其中,第二条便是高档数控机床和机器人。十大领域的创新发展是推动我国从一个制造业大国向制造业强国迈进的关键。

## 三、机器人的分类

1. 按功能分类

(1) 传感型机器人。传感型机器人也称外部受控机器人。机器人的本体上没有智能单元,只有执行机构和感应机构,它具有利用传感信息(包括视觉、听觉、触觉、接近觉、力觉和红外、超声及激光等)进行传感信息处理、实现控制与操作的能力,受控于外部计算机。目前,机器人世界杯小型组比赛使用的机器人就属于这一类型,如图 9-6 所示。

图 9-6　世界杯小型组比赛使用的机器人

(2) 自主型机器人。自主型机器人无须人的干预,能够在各种环境下自动完成各项拟人任务。自主型机器人本体上具有感知、处理、决策、执行等模块，可以像一个自主的人一样独立地活动和处理问题。许多国家都非常重视全自主移动机器人的研究。智能机器人的研究从20世纪60年代初开始，经过几十年的发展，目前基于感觉控制的智能机器人（又称第二代机器人）已达到实际应用阶段，基于知识控制的智能机器人（又称自主机器人或下一代机器人）也取得了较大进展，已研制出多种样机。一款自主型的机器人样机如图9-7所示。

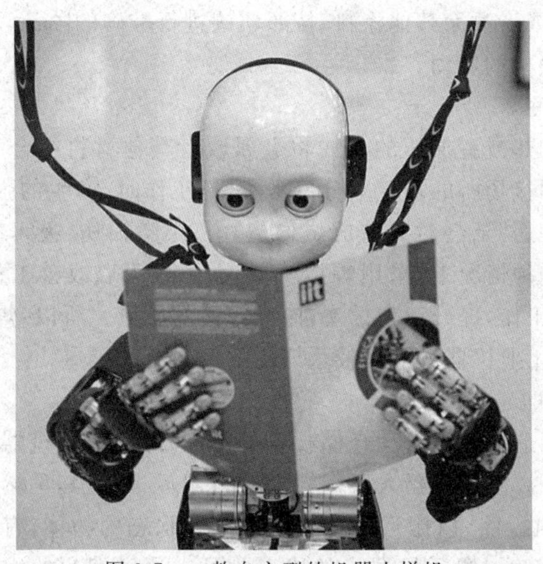

图9-7　一款自主型的机器人样机

（3）交互型机器人。操作员或程序员通过计算机系统与交互型机器人进行人机对话，实现对机器人的控制与操作。交互型机器人虽然具有了部分处理和决策的功能，能够独立地实现一些诸如轨迹规划、简单的避障等功能，但还是要受到外部的控制。

2. 按智能程度分类

（1）工业机器人。工业机器人只能死板地按照人类规定的程序工作，不管外界条件有何变化，自己都不能对程序做相应的调整。如果要改变机器人所做的工作，必须由人对程序做相应的改变，因此工业机器人是毫无智能的。

（2）初级智能机器人。初级智能机器人具有类似人的感受、识别、推理和判断能力。初级智能机器人可以根据外界条件的变化，在一定范围内自行修改程序，也就是它能适应外界条件变化自行做出相应调整。不过，修改程序的原则由人预先规定，这种初级智能机器人已拥有一定的智能。

（3）高级智能机器人。高级智能机器人具有感觉、识别、推理和判断能力，同样可以根据外界条件的变化，在一定范围内自行修改程序。与初级智能机器人不同的是，修改程序的原则不是由人规定的，而是机器人自己通过学习，总结经验获得的。所以高级智能机器人的智能比前几类的机器人高。这种机器人已拥有一定的自动规划能力，能够自己安排自己的工作。这种机器人可以不需要人的照料完全独立地工作，故也称为高级自律机器人。

## 四、工业机器人的应用

工业机器人前期被应用于汽车制造业，如今，常常应用于喷漆、焊接、搬运以及上下料等领域。它可以代替人们在危险、有毒、有害、低温以及高温等恶劣的环境中工作，能够完成繁重且单调的劳动，提高劳动效率，保证产品质量。

1. 喷漆方面的应用

喷漆是产品制造的一个关键步骤，关系到产品的质量外观，也是产品价值的重要构成要素。进行喷漆的场所通常环境比较恶劣，油漆中的挥发物和粉尘等会严重影响工人的身体健康，同时，人工喷漆在喷漆质量和效率等方面也不令人满意。喷漆机器人是一种工业机器人，可以实现自动喷漆或者喷涂其他涂料，按照轨迹进行准确的喷涂，不会产生任何偏差，并且可以完美地控制喷漆枪的启动。

2. 焊接方面的应用

焊接指的是通过加热或者加压的方式将金属或者其他材料组合起来的制造工艺，是工业主要的生产方式。焊接场所的环境十分恶劣，进行工作时，产生的强弧光、高温、烟尘以及电磁干扰等对人体有害；甚至会对人造成烧伤、触电、眼睛损伤、吸入有毒气体、紫外线过度辐射等严重危害。在这种情况下，采用焊接机器人，不仅可以改善工作环境，避免人员受到伤害，还能实现连续地工作，提升工作效率、改善焊接的质量。所以，焊接领域较适合应用工业机器人，也是实际上工业机器人应用较为广泛的领域。

3. 搬运方面的应用

随着计算机集成制造技术和自动仓储技术的不断发展，搬运机器人在工业中的应用越发广泛。搬运机器人可以自动进行搬运工作，其手臂末端可以安装各种不同的执行器，以搬运各种不同形状和状态的物体，有效减轻了员工繁重的体力劳动。搬运机器人的优点是可以通过编写的程序完成各种预想的工作，在自身的结构和性能上分别有人和机器的优势，尤其体现出了人工智能的适应能力。

机器人搬运视频

4. 上下料方面的应用

工业机器人可以应用于机床上下料方面，上下料机器人主要实现机床加工过程的全自动化，并且采用集成加工技术，以实现对盘类、轴类以及板类等工件的自动上料、下料、翻转等工作。这种上下料机器人不是依靠机床的控制器进行控制的，而是采用独立的控制模块进行控制，不会影响到机床的运行，还可以满足不同种类产品的生产。

机器人上下料视频

工业机器人与机床的结合，不仅提高了自动化生产水平，还提升了工厂的生产率与竞争力。机械加工上下料需要重复持续地工作，并且要求工作的一致性和准确性，人力无法实现持续不断地进行上下料，其一致性和准确性相对来说也会差一些，所以使用上下料机器人代替人工是可行的，既能提高工作效率，又能稳定产品质量，并且大大降低了员工的劳动强度。

# 学习任务二　工业机器人的基本特征

## 一、工业机器人的构成

工业机器人由主体、控制系统、驱动系统与末端执行器四个部分组成。

1. 主体

主体即机座和执行机构，包括臂部、腕部和手部，有的机器人还有行走机构。工业机器人有 6 个自由度甚至更多，其中，腕部通常有 1～3 个运动

机器人本体

自由度。

2. 控制系统

机器人控制系统是机器人的大脑，是决定机器人功能和性能的主要因素。工业机器人控制技术的主要任务就是控制工业机器人在工作空间中的运动位置、姿态和轨迹、操作顺序及动作的时间等，具有编程简单、软件菜单操作方便、友好的人机交互界面、在线操作提示等特点。

高性价比的微处理器为机器人控制器带来了新的发展机遇，使开发低成本、高性能的机器人控制器成为可能。为了保证系统具有足够的计算与存储能力，目前机器人控制器多采用计算能力较强的 ARM 系列、DSP 系列、Intel 系列等芯片组成。近年来，随着微电子技术的发展，微处理器的性能越来越高，而价格则越来越便宜，目前市场上已经出现了 1～2 美元的 32 位微处理器。此外，由于已有的通用芯片在功能和性能上不能完全满足有些机器人系统在价格、性能、集成度和接口等方面的要求，产生了机器人系统对 SoC(System on Chip)技术的需求，即将特定的处理器与所需要的接口集成在一起，可简化系统外围电路的设计，缩小系统尺寸，并降低成本。控制器芯片是机器人的核心技术，拥有该项技术的国外相关公司对我国实行严密封锁，不对中国销售核心技术芯片。因此，只有自力更生，突破核心技术封锁，才能完成工业机器人的飞跃发展。

3. 驱动系统

工业机器人的驱动系统，按动力源分为液压、气动和电动三大类。根据需要也可由这三种基本类型组合成复合式的驱动系统。这三类基本驱动系统各有自己的特点。目前主流的是电动驱动系统。

由于低惯量，大转矩交、直流伺服电动机及其配套的伺服驱动器(交流变频器、直流脉冲宽度调制器)的广泛采用，电动驱动系统不需能量转换，使用方便、控制灵活。大多数电机后面需安装精密的传动机构——减速器。

此外，伺服电动机在低频运转下容易发热和出现低频振动，长时间和反复性的工作不利于确保其精确、可靠地运行。精密减速电机的存在使伺服电动机在一个合适的速度下运转，提高机械体刚性的同时输出更大的力矩。现在主流的减速器有两种：谐波减速器和 RV 减速器。

4. 末端执行器

末端执行器是连接在机械手最后一个关节上的部件，它一般用来抓取物体，与其他机构连接并执行需要的任务。在机器人制造上，一般不设计或出售末端执行器，多数情况下，他们只提供一个简单的抓持器。通常末端执行器安装在机器人 6 轴的法兰盘上以完成给定环境中的任务，如焊接、喷漆、涂胶以及零件装卸等需要机器人来完成的任务。

机器人末端执行机构

## 二、工业机器人四大特点

工业机器人最显著的特点可归纳为可编程、拟人化、通用性和机电一体化。

1. 可编程

生产自动化的进一步发展是柔性自动化。工业机器人可随其工作环境变化的需要而再编程，因此它在小批量、多品种具有高效率的柔性制造过程中能发挥很好的作用，是柔性制造系统(FMS)中的一个重要组成部分。工业机器人离线编程仿真环境如图 9-8 所示。

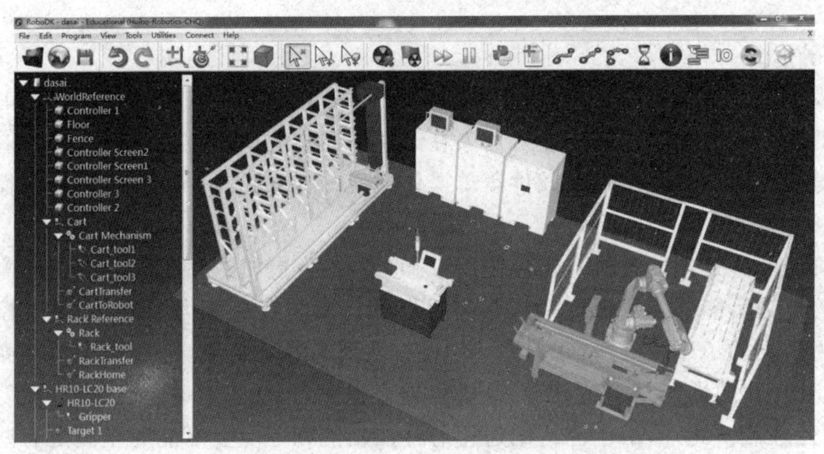


图 9-8 工业机器人离线编程仿真环境

2. 拟人化

工业机器人在机械结构上有类似人的大臂、小臂、手腕等部分，由计算机进行控制。此外，智能化工业机器人还有许多类似人类的生物传感器，如皮肤型接触传感器、力传感器、负载传感器、视觉传感器、声觉传感器、语言功能等。传感器提高了工业机器人对周围环境的自适应能力。百度公司开发的拟人化机器人“小度”可以在商场作为导购服务员为顾客提供服务，如图 9-9 所示。

图 9-9 拟人化机器人“小度”

3. 通用性

除了专门设计的专用工业机器人外，一般工业机器人在执行不同的作业任务时具有较好的通用性。比如，更换工业机器人手部末端操作器(手爪、工具等)，如图 9-10 所示，便可执行不同的作业任务，胜任更多岗位。

图 9-10　机器人具备通用性能力

4．机电一体化

工业机器人技术涉及的学科相当广泛，但是归纳起来是机械学和微电子学的结合——机电一体化技术。

第三代智能机器人不仅具有获取外部环境信息的各种传感器，而且具有记忆能力、语言理解能力、图像识别能力、推理判断能力等人工智能特性，这些都和微电子技术的应用，特别是计算机技术的应用密切相关。因此，机器人技术的发展必将带动其他技术的发展，机器人技术的发展和应用水平也可以验证一个国家科学技术和工业技术的发展水平。

# 学习任务三　工业机器人的行业应用

## 一、工业机器人在汽车行业的应用

汽车行业相对来说生产自动化程度很高，工业机器人已经成为生产车间里主要的生产力量。如图 9-11 所示，焊装车间里的焊接机器人已形成高度自动化的协作生产线，在固定的生产节拍下，它们击打着汽车的车身，现场冒出灼目的电火花，场面震撼，生产效率极高。

图 9-11　汽车企业的车间机器人实施焊接

汽车生产环节中很多都要用到工业机器人，而且现代化的汽车生产线的技术水平和自动化程度都在不断提升，更多机器人应用也会不断被开发出来代替传统人力。传统意义上，汽车车身制造分为四大工艺：冲压、焊接、涂装、总装。工业机器人在这些工艺中主要承担上下料、焊接、喷漆涂装、打磨以及码垛搬运这些工作。

1. 冲压

工业机器人主要用于冲压零件的上下料的搬运。现在汽车都力求轻量化车身，但机器人的机械臂前端一般都装有夹具，而且如果零件尺寸较大，往往夹具也更重，所以大负载机器人在这个环节拥有更多发挥空间。另外上下料经常受到空间的限制，所以运动半径也是主要考虑的因素之一，一般选择多关节、长距离、高负载产品，可以覆盖更大的工作面积。

2. 焊接

焊接是汽车生产线中最酷的环节。汽车冲压后的部件在这一步完成基本的拼装，在固定的生产节拍下，整个生产线的夹具与机器人协作配合，将一块块铁皮连接，变成造型漂亮的车身，从这里下线后已经能大体看出一辆汽车的样子。

3. 涂装

涂装属于表面处理，车身大面积的涂装基本靠酸洗后的电泳技术解决，但也会出现电泳不能覆盖的死角，在整车大面积电泳完成后，由工业机器人进一步完善喷漆。

4. 总装

在总装工艺中，机器人主要用在涂胶、玻璃安装、搬运，以及一些固定的紧固类安装工作中。剩下的内饰安装工作基本上仍以人工为主，由于目前机器人操作下的夹具技术已经非常先进并且完全数字化管理，所以工作强度有了明显改善。大众汽车的某生产车间，如图 9-12 所示，已经能在不到 1 分钟内由机器人装配完成一辆成品汽车，效率之高令人叹服。

图 9-12　机器人不到 1 分钟完成装配的大众汽车某生产车间

工业机器人打磨、喷涂等应用

## 二、工业机器人在家电行业的应用

1. 家电行业机器人应用现状及特点

家电行业对机器人需求的快速增长，受到全球机器人供应商的高度关注。空调、冰箱、热水器、电视机、洗衣机等产品整机及零部件的生产均可利用工业机器人。以海尔、美的、格力等为代表的具备战略眼光的家电企业已经在考虑利用工业机器人对生产过程进行智能化再造以提高生产效率，降低生产成本，提高竞争力。目前，海尔与现代、美的与川崎、格力都已建立战略合作关系。

家电行业的生产特点：一是，规模化生产，形成规模经济，降低生产成本。即便是如今产品追求个性化的时代，家电产品很多零部件也可以批量化生产，这非常符合工业机器人应用的基础。二是，生产效率要求非常高，时间节奏比汽车行业更快。有专家分析，家电行业与汽车行业的最大区别是一条汽车生产线每天生产几百台汽车，节拍以分钟计算。一条家电生产线每天生产几千台产品，节拍以秒计算，标准家电生产线要求机器人的节拍是 15 秒，这对机器人来说也是很大的挑战。因此，单从节拍考虑，家电行业比汽车行业要求更高，在生产线上使用机器人也更难实现。三是，制造工艺涉及面广、工艺装备多、材料的品种和规格繁多、制造精度要求高等。

由于家电行业的制造技术及工业机器人的特点，目前搬运、冲压、焊接、涂胶、包装码垛、装配等类型机器人是家电行业机器人的主流。其他像焊接、涂装机器人的应用并不多。而且，机器人更多应用于家电生产线的前端和末端，还没有大规模实现在整个生产线上的广泛应用。

2. 工业机器人在家电钣金冲压工序上的应用

家电制造中有大量的冲压需求。比如电热水壶的壳体、电饭锅的内胆等，这些岗位工艺节拍要求很高，一般在 10 秒左右，而且用工需求非常大，工人的工作强度非常高，因此，利用工业机器人进行上下料的冲压成为很好的选择。需要指出的是，单个机器人相比单个人工，在速度上并不占优势。但是当由若干个机器人与相应设备组成整个生产线的时候，就可以充分发挥工业机器人的节拍优势，而且生产线不用停工，24 小时在岗工作。

如图 9-13 所示，该应用方案为海尔智慧厨电前工序钣金冲压线，由 14 台大型冲压机联机流水线作业，保证整体生产线各设备有序配合，完成烟机壳体的钣金加工。

图 9-13　海尔智慧厨电前工序钣金冲压线

3. 机器人在包装码垛线上的应用

产品打包后进行码垛也是家电企业的重要应用，对于大型家电，比如空调、冰箱、电视机等，由于其重量大，若装箱依靠人工搬运，劳动强度太大。因此，利用码垛机器人进行搬运装箱是很好的应用。

如图 9-14 所示，是某家用电器企业的自动化生产线，该生产线由一台 120kg 的码垛机器人，将流水线上的包装成品搬运到托盘上，节省了劳动力，降低了工作强度，生产节奏完全达到用户要求。

图 9-14 机器人包装码垛

## 三、工业机器人在电子行业的应用

据统计，电子行业工业机器人的需求在全球工业机器人销量中占比约为 30%，是继汽车及汽车零部件之后的工业机器人的第二大应用。从目前我国电子行业的情况来看，工业机器人主要应用在手机、计算机、零部件等领域的生产制造。

1. IC、贴片元器件

工业机器人在这些领域的应用比较普遍，其中装机最多的工业机器人是 SCARA 型 4 轴机器人，第二位是串联关节型垂直 6 轴机器人，这两种机器人的装机超过全球工业机器人的一半。

2. 3C 产品

视觉机器人，例如，分拣装箱、撕膜系统、激光塑料焊接、高速四轴码垛机器人等均适用于触摸屏检测、擦洗、贴膜等一系列流程的自动化系统的应用。

工业机器人在 3C 领域中，例如，ABB 机器人针对 iPad 等高端产品的金属外壳进行激光焊接和抛光；在雷柏科技深圳厂区的生产线上，ABB 最小的机器人 IRB120，用于组装 USB 插头、接插件、鼠标垫片等工序。

目前，国内机器人比较受青睐的是机械手。机械手为各类新型电子产品的组装、器具制造加工技术。

以富士康公司为例，该公司目前采取工人一天 24 小时三班倒制，一台机器人相当于 3 个普工一天的工作量。以一台高级的机器人平均价格 20 万元，工人年薪 4 万元左右来计算，那么一台机器人第一年的投入成本相当于 5 个工人一年的工资成本，但由于机器人属于第一年一次性投入（第二年只需维护、调试成本），因此机器人使用年限越长（一般为 5～10 年），对人力成本的下降越明显。2018 年 6 月，富士康创始人曾表示：富士康将于 5 年内裁员 80%，如果做不到，那么 10 年肯定可以。据公开数据显示，2019 年富士康员工数量约

66.7 多万人，相比 2018 年的 80 多万人，已经减少了约 16%。如果和 2012 年相比（员工数量超过 120 万人），富士康员工数量已经减少一半。很显然，富士康由机器代替员工的计划，是在稳步推进中的。图 9-15 是一个基本上很少见到工人的富士康的机器人车间。

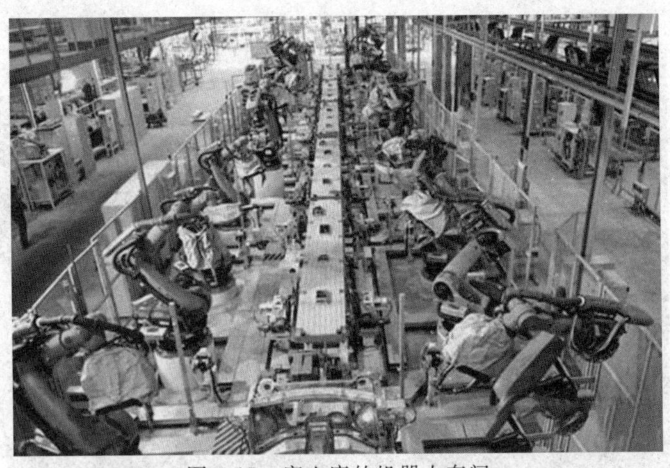

图 9-15　富士康的机器人车间

## 四、工业机器人在食品行业的应用

工业机器人在农业、初级食品加工和二级食品加工过程中都有成功运用，如今，工业机器人已出现在食品包装、食品安全和食品卫生中的众多工序中。工业机器人可以完成人工感到危险且较难符合人体工程学的工作。企业采用机器人不但能大大提高工作效率，更能体现企业在行业中的竞争能力。

1. 在农业中应用的机器人

食物的最初来源不是仓库和工厂，而是农业领域。现在机器人不仅可以帮助人类种植、分类和收割作物，还可以用无人机覆盖和监测大面积农田。

2. 二级食品加工的机器人

比萨制造商在做比萨时把一些制作过程自动化，工作人员可以通过编程增加工业机器人人性化功能。如图 9-16 所示，工业机器人正在制作比萨。

图 9-16　比萨店正在工作的工业机器人

3. 宰杀及处理家禽的机器人

工业机器人可用于肉类加工行业,自动切割和切片比人工更均匀。鱼类切割行业也广泛使用工业机器人来切割,并挑除原始产品中的骨头。智能切割和剔骨系统工业机器人如图 9-17 所示。

图 9-17 智能切割和剔骨系统工业机器人

4. 工业机器人包装产品

食品行业中约有 50%的工业机器人可以包装产品和装货。这些工业机器人不仅可以比人类更有效地执行任务,而且能够完成对人类来说太难的任务。在对人类危险的环境中,工业机器人可以装载和卸载托盘、包裹和纸箱,大量节省时间和成本。

5. 2022 年北京冬奥会黑科技

2022 年北京冬奥会被各国媒体盛赞,纷纷对此次冬奥会的绿色、科技、文化给予高度评价,称赞其所体现的环保理念、高新科技、中国元素。本届冬奥会向世界展示了一个又一个的黑科技。

北京冬奥会打造"智慧餐厅",由机器人代替传统意义上的服务员,如图 9-18 所示,为运

图 9-18 就餐人员在享受机器人服务员的自动送餐服务

动员提供全新的就餐服务体验。不止如此，一些食堂还配备了先进的自动烹饪机。根据点餐需要，机器手臂将“从天而降”，端上可口菜肴的同时，依旧尽可能避免人与人之间的过多接触。

机器人不仅可以充当厨师的角色，还可以作为咖啡师、调酒师，如图 9-19 所示，在运动员休闲之余，为运动员送上个性化定制的咖啡、美酒。机器人调酒师在 90 秒内便可调制出一杯美味的鸡尾酒给来自世界各地的奥运健儿享用。

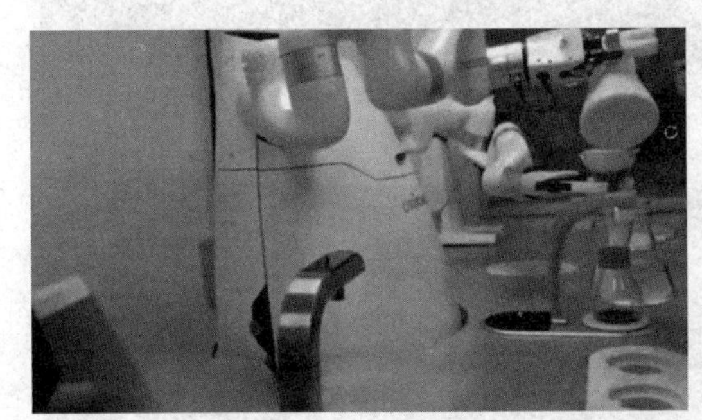

图 9-19　北京冬奥会中为运动员服务的机器人咖啡师和调酒师

2022 年冬奥会最大的挑战之一无疑是疫情防控。应防疫要求为减少人员密切接触，数百个机器人“持证上岗”，工作在各细分赛道，承担起防疫防控、安保巡逻、物流传递、赛事转播、翻译甚至是手语等服务工作。图 9-20 为北京冬奥场馆中的消杀机器人。图 9-21 是服务于冬奥会速度滑冰赛事转播，工作时速约 90km 的“猎豹”，“猎豹”不仅能进行速滑赛事实况转播，还能防范犯规。“猎豹”在本届冬奥会是首次亮相，安装在“冰丝带”场馆内，其全称为“超高速 4K 轨道摄像机系统”，是一款特种摄像设备，由中央广播电视总台历时 5 年自主研发，专用于冬奥会速度滑冰赛事的转播工作。

图 9-20　北京冬奥场馆中的消杀机器人

图 9-21 冰丝带场馆中的“猎豹”摄像机

## 学习自评

### 一、填空题

1. 现在大部分企业都在进行机器取代人力的智能化改造，将一些________、________的工作交由机器人去完成，极大地提高了________和________。

2. 工业机器人可以完成的工作越来越多，通过更换机器人法兰末端________，如________等便可以执行不同的工作。

3. 机器人的定义是能够________，能够________，具有________和对外界具备________的机器。

4. 工业机器人最显著的特点可归纳为________、________、________和________。

5. 服务于冬奥会速度滑冰赛事转播，工作时速约 90 km 的“________”，不仅能进行速滑赛事实况转播，还能防范犯规。本届冬奥会是它的首次亮相，安装在________场馆内。

### 二、选择题

1. 工业机器人属于机器人当中(　　)智能程度的一种。

A. 没有　　B. 有一定水平　　C. 有较高　　D. 有顶级

2. 工业机器人前期被应用于(　　)制造业。

A. 家电　　B. 电子产品　　C. 汽车　　D. 纺织

3. 工业机器人的(　　)系统，按动力源分为液压、气动和电动三大类。

A. 决策　　B. 驱动　　C. 感知　　D. 控制

4. 除了专门设计的专用的工业机器人外，一般工业机器人在执行不同的作业任务时具有较好的(　　)。

A. 前瞻性　　B. 编程性　　C. 拟人性　　D. 通用性

5.《中国制造 2025》提出了十大重点领域，其中第二条是(　　)。

A. 人工智能　　　　B. 虚拟现实

C. 物联网　　　　D. 高档数控机床和机器人

## 三、简单题

1. 为什么要发展机器人产业？
2. 机器人的特点有哪些？
3. 简述北京冬奥会中出现的机器人。
4. 未来还有哪些岗位会出现大量的机器人？
5. 永远在岗的机器人对找工作有怎样的提示作用？

# 参考文献

[1] 刁洪斌,孙丕波.计算机应用基础项目化教程[M].大连:大连理工大学出版社,2021.
[2] 王梅,胡光永,李建林.云上运维及应用实践教程[M].北京:高等教育出版社,2020.
[3] 许磊.物联网工程导论[M].北京:高等教育出版社,2018.
[4] 陈天娥,邱晓荣.物联网设备编程与实施[M].北京:高等教育出版社,2018.
[5] 谭杰夫,钟正,姚勇芳.虚拟现实基础与实战[M].北京:化学工业出版社,2018.
[6] 尼克.人工智能简史[M].北京:人民邮电出版社,2017.
[7] 高奇琦.人工智能驯服塞维坦[M].上海:上海交通大学出版社,2018.
[8] 陈东敏.世界因区块链而不同[M].北京:北京航空航天大学出版社,2019.
[9] 徐子沛.善数者成,大数据改变中国[M].北京:人民邮电出版社,2019.
[10] 程晓.工业互联网:技术、实践与行业解决方案[M].北京:电子工业出版社,2020.